燃气轮机进气系统设计与选型

陈仁贵 / 著

石油工业出版社

内 容 提 要

本书主要介绍了燃气轮机进气系统的设计选型的要点、关键元件、相关名词术语及定义、存在问题、相关技术，详细阐述了燃气轮机进气过滤器的选择及检测等相关内容，提出了关于燃气轮机进气系统设计选型的新理论和新方法。

本书可为从事燃气轮机领域的科研、管理及技术人员和高等院校相关专业师生参考学习。

图书在版编目（CIP）数据

燃气轮机进气系统设计与选型 / 陈仁贵著 . -- 北京：石油工业出版社，2024.6. -- ISBN 978-7-5183-6734-4

Ⅰ . TK472

中国国家版本馆 CIP 数据核字第 2024GB4431 号

出版发行：石油工业出版社

（北京安定门外安华里 2 区 1 号楼　100011）

网　　址：www.petropub.com

编辑部：（010）64523736　图书营销中心：（010）64523633

经　　销：全国新华书店

印　　刷：北京中石油彩色印刷有限责任公司

2024 年 6 月第 1 版　2024 年 6 月第 1 次印刷

710×1000 毫米　开本：1/16　印张：7.75

字数：132 千字

定价：80.00 元

（如出现印装质量问题，我社图书营销中心负责调换）

版权所有，翻印必究

序
PREFACE

燃气轮机被誉为"工业皇冠"上的明珠，以多学科理论为支撑，集先进材料和高水平技术于一体。要确保燃气轮机机组高效率地运行，配置高质量的进气系统则是关键所在。燃气轮机进气系统作为燃气轮机重要的组成部分，美国天然气机械设备研究委员会（GMRC）和美国西南研究院（SWRI）针对该系统联合编著了《燃气轮机进气过滤系统指南—2010》。另外，美国石油学会一直在不断修订和更新 API 616《石油、化工和天然气工业用燃气轮机》，2022年，特别把《燃气轮机进气过滤系统指南—2010》的大部分内容收录到 API 616—2022（第六版）中，可见燃气轮机进气系统在燃气轮机及其应用中的重要性。

陈仁贵教授在中国石油天然气集团有限公司从事燃气轮机发电设备的引进、工程建设和运行管理工作40余年，不仅深入参与了西气东输等有关燃气轮机的重大国家工程项目，而且解决了燃气轮机产业内不少有代表性的技术难题，在业内有着较大的影响力和较高的声誉。陈仁贵教授所著的《燃气轮机进气系统设计与选型》，不仅是其从事燃气轮机事业40余年的技术总结，而且有许多理论上的突破和技术上的创新。这不仅是对石油、化工、天然气工业和燃气轮机事业的一大贡献，更体现了一个石油科技工作者的技术自信和责任担当。

20世纪末，我与陈仁贵教授先后参加了塔里木油田石油会战，距今已30多年。那时的情景仍历历在目，我们在一个班子里，可以说是同吃、同住、同劳动。大会战如火如荼，那里的勘探开发战场地处塔里木盆地塔克拉玛干沙漠的边缘和腹地，其工业基础非常薄弱，油田的勘探开发又十分需要电力，因此大规模引进和应用燃气轮机发电机组是唯一的选择，尤其像沙漠腹地的塔中4油田。陈仁贵教授是负责塔里木油田5个孤网燃气轮机电站，共计30多台燃气轮机发电机组设备的引进、工程建设和运行维护工作的主要技术领导，在自然环境十分恶劣的条件下，创建了以燃气发电为主的电力系统，为保障油田勘探开发和国家西部大开发作出重要贡献。陈仁贵教授秉持敬业精神，对科学技术不断进行刻苦钻研，即使退休以后，仍工作在燃气轮机发电科研实践一线，为我们树立了榜样。

《燃气轮机进气系统设计与选型》包含了多项自主研发的国家专利技术，有些技术处于国际领先水平的技术。该书是一本很贴近实际的工具书，对从事燃气轮机进气系统设计配套、工程设计和运行管理的相关人员具有很好的参考价值。

借本书出版付梓之际，向陈仁贵教授致以衷心的祝贺！

中国工程院院士

孙龙德

2023年7月5日

前言
FOREWORD

1977年,在塔里木盆地西南边缘柯克亚构造上获得了高产油气流,日产原油1000m³以上;1984年,在塔里木盆地北部边缘的雅克拉构造上,沙参二井又获高产油气流,日产原油1000m³以上,日产天然气$200×10^4$m³以上,正式拉开了西部石油及天然气大开发的序幕。笔者作为一个石油工业领域的知识分子,不仅是这场石油大会战的首批参与者,而且有幸参与了我国改革开放后首批燃气轮机发电机组的设备引进、工程建设、运行管理工作,以及进口燃气发生器的国内大修技术攻关。由于脉冲自洁式空气过滤器不仅是燃气轮机的必配辅机,而且也是西部大开发炼化生产中不可缺少的关键设备之一,笔者又主持了由中国石油天然气集团有限公司(简称"中国石油")立项的脉冲自洁式空气过滤器的研制。随着我国西部石油、天然气工业的蓬勃发展,我国及时启动了举世瞩目的西气东输工程,笔者又比较深入地参与了这一重大工程的建设和国产30MW级燃压机组研制的组织协调工作。

西气东输工程目前装有300多台燃气轮机发电机组和燃压机组,

其中，70%左右是安装在中亚和我国中西部地区。从风沙弥漫、干旱炎热的沙漠腹地，到风雪交加、阴冷潮湿的沿海平原，安装的机组遍布中亚4个国家和我国22个省（自治区）。由于受到各种不同地理环境和气候重大变化的影响，许多燃气轮机出现了不同程度的功率下降、进气滤芯冰堵、湿堵等严重问题，导致许多燃气轮机无法正常运行，甚至出现了叶片断裂扫膛的恶性事故。在燃气轮机供货厂商无法解决这些技术问题的情况下，笔者又承接了多项技术攻关项目，与西气东输的专业技术人员一起，及时解决了这些亟待解决的技术难题。这不仅保障了我国能源大动脉的安全运行，而且对节能降耗也有着重大的经济效益和社会效益。

笔者在从业40多年的职业生涯中，收集、消化、吸收了大量的关于燃气轮机进气方面的技术资料，积累了一定的经验，也取得了一些理论上的突破和技术上的创新。这不仅得益于国家给了笔者很多难得的机会和条件，也得益于许多同行专家们不断进行的探索和实践。借此机会，笔者十分感谢同仁们对笔者的支持和帮助，同时也愿意把这些多年来积累的资料和经验与相关领域内的技术人员分享。

美国天然气机械设备研究委员会（GMRC）和美国西南研究院（SWRI）联合编署的《燃气轮机进气过滤系统指南—2010》，是一部不可多得的关于燃气轮机进气系统的重要专著。从理论到实际，该书对燃气轮机进气系统进行了比较系统且全面的论述，是一本十分难得的工具书。目前，其大部分内容和章节已经被收录到API 616—2022（第六版）中。但是，由于受时间、条件和其他因素的限制，该书没有提及关于燃机进气滤芯的选择和鉴别、对燃气轮机进气除盐和进气降温等技术；此外，对于进气系统怎样防止进气滤芯的冰堵和湿堵，该书中虽然也有不少论述，但其理论与实际并不完全相符，以致燃气轮机在一些时候不能正常运行，这也促使笔者编写了

前 言

《燃气轮机进气系统设计与选型》，本书对《燃气轮机进气过滤系统指南—2010》进行了补充和完善。

我国一些燃气轮机的进气系统普遍存在进气滤芯使用寿命太短、进气压降太大、功率出力受限和燃气消耗相对很高等问题，这些问题的存在直接影响着燃气轮机用户的运营成本。根据笔者的初步调查结果，这与燃气轮机进气系统选型不当或者是设计错误直接相关。

人类对自然科学的认知总是在不断加深，科学技术总是在不断进步。但是，正如伟大科学家牛顿所言："如果我能看得更远，那是因为我站在巨人的肩膀上"。同时，感谢美国天然气机械设备研究委员会和美国西南研究院为我们提供了一份完整且详尽的《燃气轮机进气过滤系统指南—2010》。如果相关设计单位或者是燃气轮机用户能够按照它的绝大部分的正确论述，并结合笔者所著的《燃气轮机进气系统设计与选型》，根据进气除盐、防冰、防湿、降温及滤芯检测等方面的新观念、新成果去设计选型，那么许多工程设计不仅会做的更好，还会使燃气轮机的运行更加安全可靠、用户的运营成本大幅降低。

本书是根据 API 616—2022 中"特别申明"的要求，对 API 616—2022 标准的某些内容进行的一些修正和补充。笔者曾经在《热能动力工程》和《风机技术》等学术期刊上公开发表过本书中的不少内容，读者可以阅读和参考其中更为详尽的论述。

本书是完全站在燃气轮机用户的立场去发现问题和解决问题，基本上不涉及燃气轮机的结构原理和相关设计计算，并且尽可能把复杂问题简单化、计算过程简单化，以适应绝大多数读者的需要。

笔者提出关于燃气轮机进气系统设计选型的一些理论、观点和方法，目的是能够更好地服务于燃气轮机事业，解决一些因进气系统设计与选型不当造成的安全风险与经济损失，并非是针对某些标准或学术观点。

笔者在燃气轮机进气系统国产化，以及进气冷却、进气防冰、进气防湿的研发方面，一直得到中国石油副总裁孙龙德、国家管网集团郭刚、王清亮等领导、专家的高度信任和大力支持，使得项目得以不断完善和全面推广。在本书的编写过程中，笔者又得到中船重工第703研究所的吴浩山研究员、清华大学的钱原吉博士、索拉公司的陈小群博士和石油工业出版社的协助。借此机会，笔者对他们表示深深的感谢！

因笔者水平有限，书中难免存在不妥之处，欢迎广大读者、业内专家给予批评指正。

陈仁贵

2023 年 6 月

目录
CONTENTS

第 1 章　绪　论 ·· 001

　1.1　燃气轮机进气系统简介 ································ 001

　1.2　名词术语和定义 ·· 002

　1.3　引用标准 ·· 008

第 2 章　技术背景 ·· 010

　2.1　叶片磨损 ·· 010

　2.2　冲　蚀 ··· 011

　2.3　密封磨损 ·· 011

　2.4　腐　蚀 ··· 011

　2.5　冷却通道堵塞 ··· 013

　2.6　滤芯过滤精度选择 ····································· 017

　2.7　进气冰堵 ·· 019

2.8 进气湿堵 ·· 021
2.9 进气冷却 ·· 024
2.10 降低 NO_x 排放的技术 ······························ 025
2.11 压气机水洗 ··· 027

第3章 燃气轮机进气过滤器简介 ·························· 029

3.1 静态空气过滤器 ·· 029
3.2 过滤元件 ·· 029
3.3 动态空气过滤器 ·· 031

第4章 燃气轮机进气系统存在的问题 ··················· 034

4.1 进气滤芯使用寿命太短 ······························· 034
4.2 进气设备存在制造质量问题 ························· 035
4.3 进气系统设计选型不当 ······························· 036
4.4 进气除盐技术有待提高 ······························· 038
4.5 进气防冰防湿存在盲点或误点 ······················ 041
4.6 进气降温技术的误区 ·································· 044
4.7 燃气轮机进气滤芯标准不完善 ······················ 047

第5章 燃气轮机进气过滤器的选择 ······················ 050

5.1 动态卧式过滤器 ·· 050
5.2 动态立式过滤器 ·· 054

第 6 章 进气系统设计选型要点 ································ 056
6.1 适用性原则 ································ 056
6.2 经济成本原则 ································ 057
6.3 设计选型总则 ································ 057

第 7 章 用户的责任和权力 ································ 059

第 8 章 进气系统相关技术 ································ 060
8.1 进气除盐技术 ································ 060
8.2 进气防冰防湿技术 ································ 066
8.3 燃气轮机进气加湿降温技术 ································ 083

第 9 章 进气滤芯检测 ································ 101
9.1 流量 / 压差的测量 ································ 102
9.2 过滤精度的测量 ································ 104
9.3 去静电后过滤精度的测量 ································ 105

参考文献 ································ 107

后记 ································ 109

第1章 绪 论

本章主要阐述了燃气轮机进气系统的简介、名词术语及定义，以及本书引用的相关标准。

1.1 燃气轮机进气系统简介

燃气轮机是当今世界上最高端的热能动力设备，被称为是"工业皇冠"上的一颗明珠。虽价格昂贵，但有着不可替代的作用。对于任何一种燃气轮机，其进气过滤系统都是十分重要的，如果燃气轮机进气过滤系统设计或者选型不当，不仅会导致安全生产事故的发生，还会给燃气轮机用户造成很大的经济损失。

燃气轮机进气过滤系统原先反能进行简单的固体杂质清除，现在不仅能除去更加细微的固体颗粒，还能在不同的工作环境中，具有除盐、防冰、防湿、降温、加湿等多种功能。这不仅能够保证燃气轮机运行更安全、使用寿命更长，而且运行成本更低、经济效益更好。

燃气轮机进气系统设计和选型的第一要点是工作环境。对于在海洋平台、舰船、沿海地区、盐碱地或焦化行业使用的燃气轮机，因为空气中含有钾、钠等盐类，同时燃料中又有硫的存在，它们很容易造成燃气轮机高温热部件的"盐腐蚀"，所以燃气轮机进气需要除盐。目前燃气轮机进气除盐的方法有多种，但是除盐的效果和运营成本差别很大，这有待进一步去研究和完善。

对于在高寒高湿或雾霾频发的地区的燃气轮机，如何使进气滤芯防冰、防湿，目前在理论上还存在不少误区和盲点，常常因方法不当，甚至是错误的防冰、防湿设计，不仅给燃气轮机用户带来很大的困扰，而且还浪费大量的能源。燃气轮机进气防冰防湿的理论需要人们重新认识。

对燃气轮机进气降温，不仅能够显著提高燃气轮机出力、降低燃耗，而且能够减少 NO_x 排放、延长机组寿命，是一个很好的节能增效和减排技术。采用进气冷却技术，不仅要注意降温幅度与气象条件的关系，还要特别注意降温幅度受滤芯湿堵、进气携水率和降温能耗等多种因素的限制。这些重要事项往往被业内设计人员所忽视，国内已经发生多起燃气轮机进气降温设计配套完全失败的案例。

空气滤芯是燃气轮机进气系统中的关键元件，它的质量直接关系到燃气轮机出力、燃耗、寿命和运行成本。目前业内一直采用 EN 779—2012《一般通风用空气过滤器—过滤性能的测定》标准来检测滤芯。但是，燃气轮机普遍使用的"脉冲反冲洗空气过滤器"与"一般通风用空气过滤器"相比，有许多不同的技术要求。例如，EN 779—2012 并没有对滤芯的耐破度、端盖板的黏结强度以及滤芯的防冰防湿等技术提出要求和相应的检测办法。因此，应该在参考 EN 779—2012 的基础上，制订出更加适合燃气轮机进气过滤器滤芯的技术标准，以适应燃气轮机事业的持续发展。

燃气轮机进气系统的设计和选型不是一项简单的空气净化技术，它要根据不同的工作环境和不同的运行方式，选择不同型式的进气系统；有些现行的标准或指南还不完善，甚至还有重大的理论错误，这些都需要广大燃气轮机工作者不断地研究、实践、总结，对现行的标准或指南进行补充和修正。

人类的认知和技术总是在不断进步，有些传统的观点要改变，有些落后的或者是错误的标准要改正，这些都是科学技术发展中所需要的。

1.2 名词术语和定义

（1）过滤效率。

过滤效率指进入过滤器和被过滤器捕集的颗粒物的质量、体积、表面积、个数之比。相应地，过滤效率有计重效率、体积效率、表面积效率以及计数效率之分。因此，简单地讲过滤效率是没有意义的，因为它取决于测试时所加灰尘的直径和采用的测试方法。EN 779—2012 标准中对过滤效率的划分见表 1.1。

表 1.1　EN 779—2012 对空气过滤器的等级划分

组别	级别	最终测试压降/Pa	人工尘平均计重效率（A_m）/%	0.4 μm 粒子的平均效率（E_m）/%	0.4 μm 粒子的最小效率（E_m）/%
粗效	G1	250	50 ≤ A_m < 65	—	—
	G2	250	65 ≤ A_m < 80	—	—

续表

组别	级别	最终测试压降/Pa	人工尘平均计重效率（A_m）/%	0.4μm粒子的平均效率（E_m）/%	0.4μm粒子的最小效率（E_m）/%
粗效	G3	250	$80 \leq A_m < 90$	—	—
粗效	G4	250	$90 \leq A_m$	—	—
中效	M5	450	—	$40 \leq E_m < 60$	—
中效	M6	450	—	$60 \leq E_m < 80$	—
高效	F7	450	—	$80 \leq E_m < 90$	35
高效	F8	450	—	$90 \leq E_m < 95$	55
高效	F9	450	—	$95 \leq E_m$	70

注：最小效率是初始效率、放电效率和整个测试加载过程中的最低效率中的最低效率。

（2）标准灰。

根据 ISO 12103—1：2024《道路车辆　用于滤清器评估的试验粉尘　第 1 部分：亚利桑那试验粉尘》的规定，为模拟恶劣空气环境，标准灰是专门用于滤芯测试的粉尘。标准灰含不小于 35% 的 5μm 以下粉尘 72%（质量）+23% 碳粉（质量）+5% 棉绒（质量），一般用"亚利桑那道路尘"。EN 779 是根据 ISO 12103—1 采用的标准灰。

某测试单位用滑石粉为"试验尘"。试验尘的粒度谱见表 1.2。

表 1.2　某测试单位试验尘的粒度谱

粒径/μm	0~5	5~8	8~12	12~15	15~20	总计
百分比/%	2.63	21.4	70.01	5.95	0.01	100

对于 G4 以下精度的计重法测量，如果采用的试验尘不一样，测量的结果也会很不一样。这会给燃气轮机用户带来一定的影响。

（3）气溶胶 DEHS。

气溶胶 DEHS 是一种用于产生试验空气过滤器所需要的细微颗粒的癸二酸二辛酯液体，用无尘压缩空气吹喷后能产生 0.1~3.0μm 的细微颗粒。

目前，我国机械行业众多的空气过滤精度是采用"计重效率法"测量的。API 616—2022《石油、化工和天然气工业用燃气轮机》中明确规定采用 EN 779—2012 和 EN 1822—2019《高效颗粒空气过滤器》欧洲标准对进气滤芯进行检测和评定。所以"计重效率法"不能用于 M5 以上过滤精度的测量。

（4）透气度。

纯粹以过滤精度这一种指标来评价滤材是不全面的。滤芯的过滤精度虽然由滤材的过滤精度所决定，但性能优异的滤材应是在同样过滤精度、同样厚度、同样耐破度、同样表面积、同样压差的情况下，流过的空气量为最多。其单位为 L/（m²·s）。目前世界上只有少数发达国家能生产用于脉冲反冲洗的高精度、高透气度和高耐破度的滤材。燃气轮机的常用高效滤材一般有超细玻纤、木浆纤维+树脂、全合成材料三大类。用于脉冲反冲洗的高效滤纸的主要技术参数见表1.3。

表1.3 用于脉冲反冲洗的高效滤纸的主要技术指标

序号	项目	指标	序号	项目	指标
1	定量/（g/m²）	<140	5	名义精度/μm	3~5
2	耐破度/kPa	>300	6	20mmH₂O 下的透气度/[L/（m²·s）]	>180
3	挺度/mg	>2500	7	抗张强度/（kN/m）	>5.6（纵）；>3.6（横）
4	最大孔径/μm	30~40	8	树脂含量/%	22~25

（5）浸泡除静电。

根据 EN 779—2012（E）的规定，将被测滤芯置于异丙醇内浸泡 24h，以消除滤材自身静电对过滤精度影响的方法被称为浸泡除静电。

（6）计重效率。

用国际标准灰，按 EN 779—2012 的规定，用称重法测量空气过滤器拦截到的标准灰与喷洒进测试系统的标准灰的质量之比被称为计重效率，单位是 %。

（7）计数效率。

根据 EN 779—2012 标准，用压缩空气向被测滤芯上游吹喷 0.1~3.0μm 的气溶胶 DEHS 细微颗粒，用光学粒子计数器（OPC）在单位时间内测量滤芯上下游单位体积内平均粒径 0.4μm 尘埃的个数之比被称为计数效率，单位是 %。

（8）容尘量。

容尘量指当使用标准灰按标准加灰速率添加到规定压差 450Pa 时，过滤器所捕集到的粉尘质量。对于目前用于燃气轮机进气脉冲反冲洗标准尺寸的滤芯容尘量，各著名厂商并不一致，一般是越大越好。

（9）零能见度。

零能见度指沙尘暴条件下空气中含尘量达到 500mg/ft^3（17.667g/m^3）。

（10）介质型过滤器。

介质型过滤器指过滤介质材料用化学纤维滤料或超细玻璃纤维制造，具备框架袋式结构，可以制造从 G1 至 U17 各种等级的滤芯。由于某些滤材的耐破度和耐压强度都很低，它不能在清洗后再使用，是"用后即扔"，不太经济。介质型过滤器的寿命由"容尘量"和"压损允差"决定。

（11）高效空气过滤器（HEPA）。

高效空气过滤器（HEPA）指对粒径大于等于 0.1μm 的颗粒的过滤效率达 99.90% 的过滤器。

（12）百万分率（ppm）。

百万分率（ppm）指每一百万单位质量的空气所包含的污染物质量。对于空气中 0.0001ppm 级含盐量的测定方法，虽然在 EN 779—2012 标准中并未涉及，但 SGS 通标标准技术服务有限公司有最新的检测方法。

（13）压降（压力损失）。

压降（压力损失）指过滤器进、出两端的压差。随着过滤器积灰的增加，其压降也会提高，它以 mm（或 in）H$_2$O 或 Pa 为计量单位。

（14）除盐。

除盐指除去燃气轮机进气中钾、钠、钒的微量盐分。

（15）防冰。

防冰指防止燃气轮机进气滤芯、消音器、进气喇叭口和一级可调导叶处结冰。

（16）防冰防霜。

防冰防霜指在特殊气象条件下能防止或消除吸附于滤芯的冰霜。

（17）除湿。

除湿指在阴湿雾霾气象条件下能消除掉吸附于滤芯中的液态水，消除湿堵现象。

（18）旋流式除湿器。

旋流式除湿器指一种利用空气旋流产生的离心力除去空气中水分的气水分离装置。

(19）阻拦式除湿器。

阻拦式除湿器指一种在空气流动时改变气流方向,靠重力阻拦住空气中水分的气水分离装置。

（20）凝聚式除湿器。

凝聚式除湿器指一种由阻拦式除湿器和吸附式材料组成的复合式气水分离装置。

（21）湿膜。

湿膜指一种用化工材料制造的蜂窝状结构,是一种既有吸水性又能起气水分离作用的材料。

（22）降温加湿。

降温加湿指降低燃气轮机进气温度的同时,增加燃气轮机进气空气的相对湿度。

（23）级。

级指过滤系统中的一组同种过滤单元。

（24）静态过滤器。

在燃气轮机进气过滤器分类上,过滤器常有"静态"和"动态"之分。采用介质型过滤元件,过滤元件不能自清洗,不能重复使用的空气过滤器简称为静态过滤器。

（25）动态过滤器。

通过压缩空气对滤芯自里向外反复脉冲洗后能继续使用的空气过滤器称动态过滤器,又称脉冲自洁式空气过滤器。

（26）卧式过滤器。

卧式过滤器指筒式过滤元件水平安装的空气过滤器。

（27）立式过滤器。

立式过滤器指筒式过滤元件垂直安装的空气过滤器。

（28）文丘里管。

文丘里管是一种专门用于脉冲反冲洗空气过滤器的特殊元件。装有文丘里管的过滤器能引射 4~5 倍压缩空气量的反冲洗空气,能增强脉冲反冲洗的清灰效果,减少压缩空气的消耗量。

（29）脉冲阀。

脉冲阀是脉冲自洁式空气过滤器的核心元件之一。它能在 30~100ms 的时间内可靠地开启和关闭压缩空气源，以形成强大的反吹爆发力。

（30）水洗。

水洗指在燃气轮机运行一段时间后，用特殊清洗剂清除附于燃气轮机叶片等零部件上污垢的作业。它有离线水洗和在线水洗之分。

（31）相对湿度。

相对湿度指空气中水汽压与相同温度下饱和水汽压的百分比，单位为 %RH。

（32）含湿量。

含湿量指 1kg 干空气中水蒸气质量与空气质量之比，单位为 g/kg（干空气）。

（33）干球温度。

干球温度指暴露于空气中而又不受太阳直接照射的温度，常用 T_a 表示，单位为℃。

（34）湿球温度。

在绝热条件下，大量的水与有限的湿空气接触，当系统中空气达到饱和状态且系统达到热平衡时系统的温度被称为湿球温度，常用 T_w 表示，单位为℃。一般情况下 $T_a > T_w$。

（35）露点温度。

在空气中水汽含量不变，保持一定气压的情况下，使空气冷却达到饱和状态时的温度称露点温度，常用 T_s 表示，单位为℃。一般情况下 $T_w > T_s$，当相对湿度 $\phi =100\%RH$ 时，$T_a=T_w=T_s$。

（36）气象站。

气象站是一种用于准确测量大气温/湿度的装置，即安装大气温/湿度探头的、能避风、能避雨和能避免阳光直射的仪表盒。

（37）焓。

焓指流动空气携带的、取决于热力状态参数的 1kg 空气的能量，即内能和推进功的总和，常用 h 表示，单位为 kJ/kg（干空气）。

（38）IPD。

IPD 燃气轮机进气系统包括雨棚、护网、空气过滤器、进气管道和消音器的总压降，单位为 Pa。

（39）N_t。

涡轮的输出功率，单位为 kW。

（40）N_y。

压气机的耗功，单位为 kW。

（41）T_{1D}。

T_{1D} 指蒸发冷却器的进口干球温度，单位为℃。

（42）T_{2D}。

T_{2D} 指蒸发冷却器的出口干球温度，单位为℃。

（43）T_{1W}。

T_{1W} 指蒸发冷却器的进口湿球温度，单位为℃。

（44）TDS。

TDS 指电导率测定仪，用以测量水中固体溶解的浓度。

（45）ECDH。

ECDH 指在一定的地区，在给定的时段里，蒸发冷却所降低的温度与该降温工况持续时间的乘积。

（46）WBD。

WBD 指在一定的地区，湿空气干球温度 T_a 与湿球温度 T_w 之差。

（47）LCC。

LCC 指全寿命期总成本。

（48）GMRC。

GMRC 是美国天然气机械设备研究委员会的简称。

（49）SWRI。

SWRI 是美国西南研究院的简称。

（50）FXDL。

FXDL 是江苏风行动力科技有限公司的简称。

1.3　引用标准

本书中引用的相关标准如下所示：

（1）API 616—2022《石油、化工和天然气工业用燃气轮机》；

（2）ANSIB 133.3—1981《燃气轮机辅助设备采购标准》；

（3）ANSIB 133.10—1981《用户和制造厂应提供的燃气轮机资料的采购标准》；

（4）ISO 2314—2009《燃气轮机验收试验》；

（5）EN 779—2012《一般通风用空气过滤器 过滤性能的测定》；

（6）EN 1822—2019《高效颗粒空气过滤器》；

（7）GB/T 13673—2010《航空派生型燃气轮机辅助设备通用技术要求》；

（8）HB 7257—1995《轻型燃气轮机进气过滤器》；

（9）HB7811—2006《燃气轮机成套设备进排气系统通用技术要求》；

（10）GEK 107158A—2002 通用电气电力系统《燃气轮机进气蒸发冷却器的供水要求》；

（11）ES9-98U 索拉公司《燃气轮机燃料、空气和水》；

（12）Q/320981 FXDL002—2020《燃气轮机进气系统脉冲反冲洗空气过滤器》；

（13）Q/320981 FXDL001—2022《燃气轮机进气系统进气降温装置》。

第 2 章 技术背景

燃气轮机以空气为工质，运行时要吸入大量的空气。例如，某台燃气轮机的进气质量流量为 624kg/s，如果空气的含尘量为 2ppm，进气不经过过滤处理，每小时进入燃气轮机的污染物质量为 4.5kg，吸入这么多的杂质，至少会在叶片磨损、冲蚀、密封磨损、腐蚀、冷却通道堵塞等 5 个方面对燃气轮机造成极大的危害。人们对科学技术的认知是一个由浅到深的过程，所以业内对于燃气轮机进气系统的设计和选型，也有许多方面需要进一步认识和反思。

2.1 叶片磨损

表 2.1 是自然界几种典型环境的空气含尘量。

表 2.1 典型环境的空气含尘量（GMRC 提供）

环境	污染水平 /ppm	颗粒尺寸 /μm	气温 /℃
沙漠	0.1~700	5~50	−25~55
海洋	0.1~5.0	0.01~0.1	−20~35
极地	0.01~0.25	0.01~0.25	−40~5
热带	0.01~0.25	0.01~0.30	5~45
矿区	0.1~10	0.1~50	−25~40
城市	0.03~10	0.1~10	−25~40
乡村	0.1~2.0	0.1~3.0	−25~40

由于燃气轮机的转速很高，有的高达数万转每分以上，叶片叶尖速度接近 1Ma，所以不允许粒径大于 5μm 的颗粒进入燃气轮机，否则燃气轮机叶片会很快地磨损。图 2.1 是不洁空气对燃气轮机叶片造成的损伤。因此，燃气轮机进气必须进行充分的净化过滤。

2.2 冲 蚀

燃气轮机叶片都有特定的翼形，高温热部件都有厚度很薄的高温涂层。由于进入燃气轮机的空气流速很高，如果燃气轮机进气的净化过滤效果不好，改变了叶片的叶型或磨损了高温热部件的耐高温涂层，必将大大降低燃气轮机的出力、效率，并缩短机组的使用寿命。进气冲蚀造成燃气轮机叶片损坏的图片如图 2.2 所示。

图 2.1 不洁空气对燃气轮机叶片造成的损伤（GMRC 提供）

图 2.2 冲蚀早损的燃气轮机高温叶片（GMRC 提供）

2.3 密封磨损

燃气轮机压气机和涡轮之间有许多"级"，级间是靠蜂窝状"篦齿"进行密封。篦齿间的间隙很小，一般仅为 0.02~0.03mm。若空气不清洁，篦齿很快磨损，燃气轮机功率、效率都会随之大幅下降。

2.4 腐 蚀

燃气轮机的腐蚀有冷腐蚀和热腐蚀两种类型。

2.4.1 冷腐蚀

燃气轮机的工作环境千变万化。除了人们常知的沙尘、煤灰外，还有盐雾、硫或硫化物、酸雾、氯化物等各种有害物。这些有害物会在任何气温条件下对任何金属机体产生冷腐蚀。典型的冷腐蚀如图 2.3 所示。

(a)进气室腐蚀　　　　　　　　　(b)压气机叶片腐蚀

图 2.3　冷腐蚀早损的机体（GMRC 提供）

2.4.2　热腐蚀

热腐蚀又指盐腐蚀，是燃气轮机热部件早损的一种特殊情况。对于海洋平台、舰艇、沿海地区、盐碱地、焦化厂等地，空气中一般都含钾、钠等盐类，而天然气、焦炉煤气、燃油中一般都含硫。当硫、钾、钠同时存在时，就会对燃气轮机高温热部件造成"盐腐蚀"。

盐腐蚀的机理：燃气轮机的高温热部件大都由钴、镍类合金材料制成，如 MAR-M247、In718 等。这些材料极易与钾、钠等盐类发生盐腐蚀。当空气和燃料中含有硫化物时，在燃烧过程中会生成 SO_2 或 SO_3；如果遇到空气中含有的 Na 或 K，就会产生 Na_2SO_4、K_2SO_4 这类硫酸盐或亚硫酸盐。这些盐的熔点在 670~680℃之间，呈胶溶状，正好在燃气轮机的工作温度范围内，它们会牢牢地黏附在燃气轮机的高温部件上，在高温条件下造成强烈的"盐腐蚀"。受盐腐蚀影响的燃气轮机叶片如图 2.4 所示。

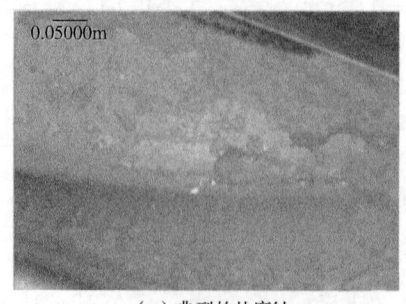

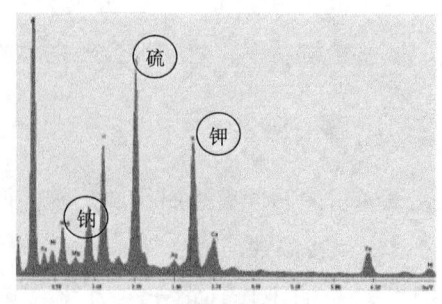

(a)典型的盐腐蚀　　　　　　　　(b)沉积物的化验分析

图 2.4　典型的盐腐蚀及其化验分析（SOLAR 提供）

在橙色的沉积物里有大量的硫、钠和钾

目前国内外有许多标准规定：陆上燃气轮机进气含盐量小于 0.0015ppm，海军舰艇及海洋平台燃气轮机进气含盐量小于 0.01ppm。这也是海军和海上平台燃气轮机使用寿命普遍低于陆用燃气轮机的主要原因，有时不足陆用燃气轮机的 1/3。

空气中含盐是一种十分普遍的现象。有研究报告表明：海平面及海洋平台的空气含盐量为 0.1~5.0ppm；有案例资料可查的某化工厂厂区空气含盐量高达 4.98ppm；沙漠及盐碱地含尘量一般是 0.1~2ppm；即使是在北京市区，经检测，空气中含盐量平时也有 0.065ppm。

业内许多技术工作者都知道燃气轮机进气除盐的重要性，但是往往只考虑海军舰艇和海上钻井平台燃气轮机进气的除盐，不考虑陆上燃气轮机进气的除盐。目前业内要使燃气轮机进气除盐效果达到钾+钠+钒小于 0.0015ppm，虽然目前有好几种技术可采纳，但哪种技术的除盐效果更好，哪种技术除盐后进气的含盐量更低，采用哪种技术可使进气压降更小，哪种技术的运行成本更低，这些问题都有待进一步商榷。

2.5 冷却通道堵塞

燃气轮机的工作原理表明：进入涡轮的温度越高，燃气轮机的出力越大，燃料消耗率越低。表 2.2 是 GE 公司的《重型燃气轮机的性能及参数》中公布的 MS9000 系列燃气轮机的性能历史。

表 2.2 MS9000 系列燃气轮机的性能历史

机型	投运年份	出力（ISO）/kW	涡轮温度/℃	空气流量/(10^6kg/h)	热耗/[kJ/(kW·h)]	效率/%
PG9111B	1975	85200	1004	1241	11592	31.06
PG9141E	1978	105600	1068	1431	11286	32.0
PG9157E	1981	109300	1085	1444	11286	32.0
PG9151E	1983	112040	1093	1458	11149	32.3
PG9167E	1988	116930	1104	1461	10854	33.17
PG9171E	1993	127300	1124	1520	11202	32.14
PG9301F	1993	209740	1260	2179	10632	33.86
PG9311FA	1994	223760	1288	2186	10158	35.44
PG9351FA	1999	251800	1327	2344	9804	36.72

表 2.2 表明：从 1975 年到 1999 年，GE 公司经过 24 年的努力，MS9000 系列燃气轮机的涡轮温度从 1004℃提高到 1327℃，提高了 323℃；功率从 85200kW 提高到 251800kW，提高了 1.96 倍；热效率从 31.06% 提高到 36.72%，增加了 5.66%。

不同机型的涡轮温度对燃气轮机出力和热耗的影响略有不同。表 4.2 的结果表明，涡轮温度每提高 100°F（37.8℃），功率增加约 34%，热效率提高约 1%。世界燃气轮机界平均每年能把涡轮温度提高 20°F（6.7℃）左右。

提高燃气轮机的涡轮温度并不是一件简单的事，这是一个十分艰难的历程，代表着一个国家的科研水平和工业水平。可通过两个基本途径提高燃气轮机的涡轮温度：一方面，要努力研制更加耐高温的高强度材料；另一方面，要努力改进高温热部件的冷却设计，目前任何一种材料都不可能在 1200~1600℃ 的条件下长期工作。最有效的办法是不断改进高温热部件的通风冷却设计——在不影响高温热部件在高温条件下的受力强度的情况下，在高温热部件的机体上设计尽可能多的空气冷却通道，从压气机中引出一股温度相对低的热气流，对高温热部件进行强制通风冷却，涡轮叶片冷却通道的直径一般小于 0.3mm，并且很容易被脏空气堵塞。

燃气轮机高温热部件的冷却空气占压气机总流量的 4.5% 左右。如果这些冷却通道被空气尘埃堵塞，高温热部件可能很快会被损毁。

图 2.5 是燃气轮机火焰筒工作时，冷却空气对火焰筒管壁进行空气冷却的结构原理图。如果空气冷却通道被不洁空气中的尘埃堵塞，火焰筒管壁很快会被烧穿。

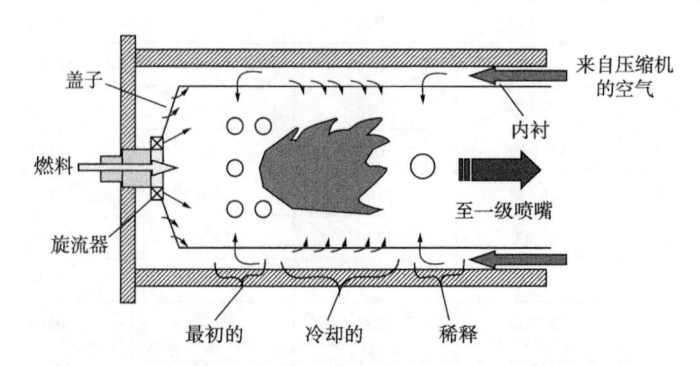

图 2.5 冷却空气对火焰筒管壁进行空气冷却的结构原理图

根据 ASME 87-GT-63 提供的资料，某燃气轮机生产商不断改进火焰筒冷却通道设计，使火焰筒壁的工作温度更低、温度场更均匀。对火焰筒温度场等值线的研究和试验结果如图 2.6 所示。

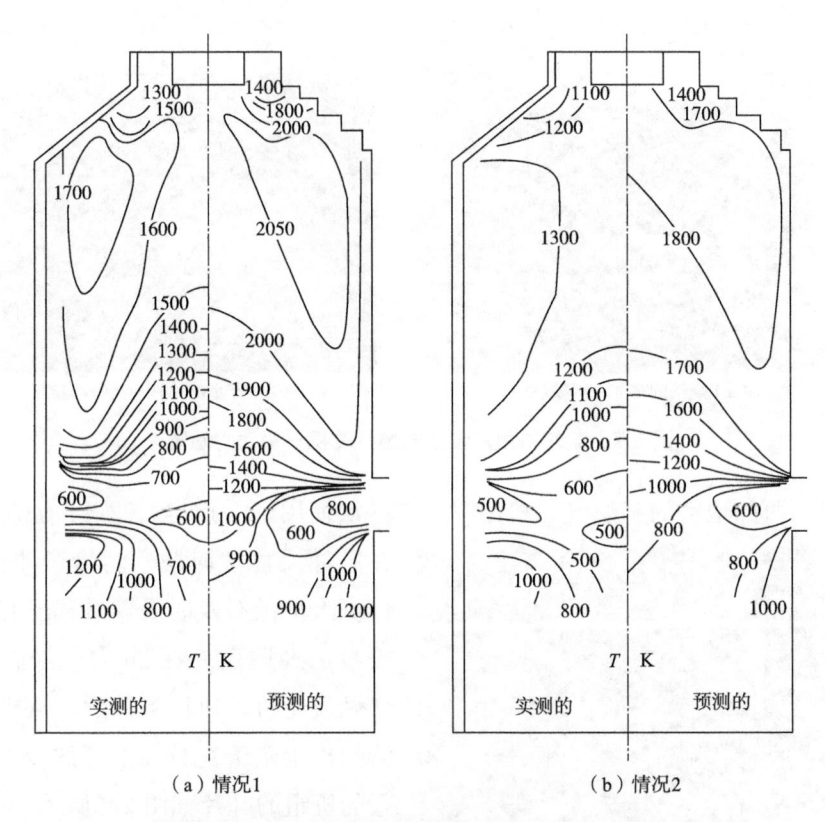

（a）情况1　　　　　　　　（b）情况2

图 2.6　某燃气轮机火焰筒温度等值线设计试验对比分析（单位：℃）

冷却空气对燃气轮机的安全运行十分重要。空气冷却通道一旦被堵塞或部分被堵塞，造成的后果是不堪设想的。

据报道，2019 年 5 月 13 日 17 时 14 分，某燃气轮机用户突然发生压气机振动高报警触发停机。多次尝试启机后，依然存在振动高报警故障。孔探仪的检查结果表明，压气机的 10 级动叶中，至少有 4 个叶片已经从环槽中整体脱落，前后静叶刮伤严重；动力涡轮静叶及动叶表面有金属熔融物附着，高压涡轮静叶及动叶金属缺失，热涂层受损，物体打击损伤严重，迎风面冷却孔堵塞严重。

有一份"GE/LM2500+SAC HPT 一级喷嘴损伤分析报告"显示：一台燃气轮机点火总数达 118 次，故障停机 8 次，累计运行 22362h，因进气过滤器滤芯短路失效，高温热部件空气冷却通道严重堵塞，造成了 HPT 一级喷嘴遭受到严重损坏（图 2.7）。

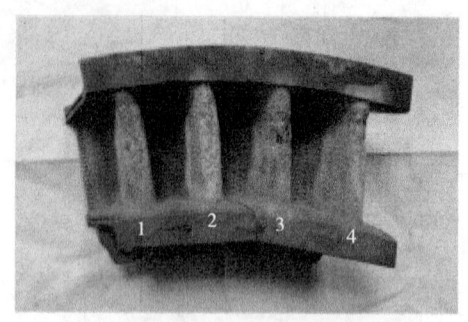

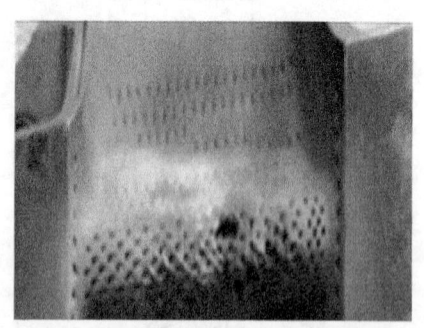

（a）烧蚀的整体一级喷嘴　　　　　（b）烧蚀严重的另外一级喷嘴局部

图 2.7　某燃机用户烧蚀的燃气轮机一级涡轮喷嘴

我国西部地区的某燃气轮机用户，有一次使用了一批劣质滤芯，滤芯盖板在脉冲反冲洗时脱落。恰逢沙尘暴，值班人员没有及时发现进气滤芯的端盖板已经脱落，在 8h 内就损毁了一台燃气轮机。机组解体后，从机体内清扫出十余千克粒径不等的沙尘，损毁的机组的叶片如图 2.8 所示。

上述意外事故都是进气系统空气过滤失效导致的。

图 2.8　因使用劣质滤芯而损坏的燃气轮机叶片

有许多资料都涉及这一典型试验结果：美国爱力逊燃气轮机公司（Allison Gas Turbine）在一台 501-KB 机组上做模拟试验，不装进气过滤器，模拟沙尘天气，机组仅运行了 13.5h，机组功率下降了 20.8%，压气机压比减少 11.9%，继而发生了喘振，机组被迫紧急停机。

我国有大量的燃气轮机都是安装在中西部地区。原中国石油石化设备研究委员会和中国轻型燃气轮机开发中心联合出具的一份专门的研究报告表明：我国西部地区的空气质量很差，沙尘暴频繁发生，有的地区的浮尘天气多于 100

天，有时空气的"能见度"为零（含尘量为 1.7667kg/m³），最大风速达到 40m/s，有的地区的 8 级大风年平均是 42.6 天，沙粒直径为 5~7mm，有的地区的沙尘中含盐量达到 2%。

在中东油田的开发初期，由于油田大都处于沙漠地区，限于当时的空气净化水平，燃气轮机平均使用寿命不足 5000h。许多燃气轮机用户总结出一条经验：必须增加设备投资，尽量提高燃气轮机进气的净化程度。在沙漠腹地和边缘地区，要特别重视对燃机进气系统的检查和维护。

我国西部某油田在开发过程中曾经大量应用了多种型号的燃气轮机。不计早期的国产 WJ-6 航改机，1985 年到 2012 年期间，最多的时候，有 5 种不同型号，共 31 台从国外引进的燃气轮机发电机组，其中有 5 座孤网燃气轮机电站。通过燃气轮机工作者的不断努力，在沙漠腹地和沙漠边缘地区，除了个别人为意外事故外，轻型燃气轮机首次大修期就达到了 24000h；工业型燃气轮机每台大修期都达到 30000h 以上；塔中四燃气轮机电站还创造了 500 天安全运行不停机（不停电）的最新纪录，达到该型燃气轮机在沙漠腹地最好的应用水平，有力地保障了油田的勘探和开发。

其中，最值得总结的经验是燃气轮机进气系统的选型和管理，这样才能做到在塔里木盆地的沙漠腹地，也能使燃气轮机大修期达到厂商推荐的时间。

2.6 滤芯过滤精度选择

燃气轮机的进气过滤精度对燃气轮机的安全运行至关重要，业内的技术人员普遍认为过滤精度是越高越好，其实并非完全如此。

首先，过滤精度越高，滤芯自身的工作压降越高。燃气轮机是以空气为工作介质，它需要一定量的"额定"进气量，进气压降越大，进气量越小，燃气轮机出力越小，热耗越大。

其次，当进气压降大于某一设定允许值时，燃气轮机就要发出报警，若不及时处理，机组就会自动停机，否则，燃气轮机还会进入喘振状态。

最后，过滤精度越高，滤芯价格越贵，燃气轮机运行成本也就越高。

所以，GMRC 和 SWRI 推荐的燃气轮机的进气滤芯过滤精度和进气压降分别如图 2.9 和图 2.10 所示。

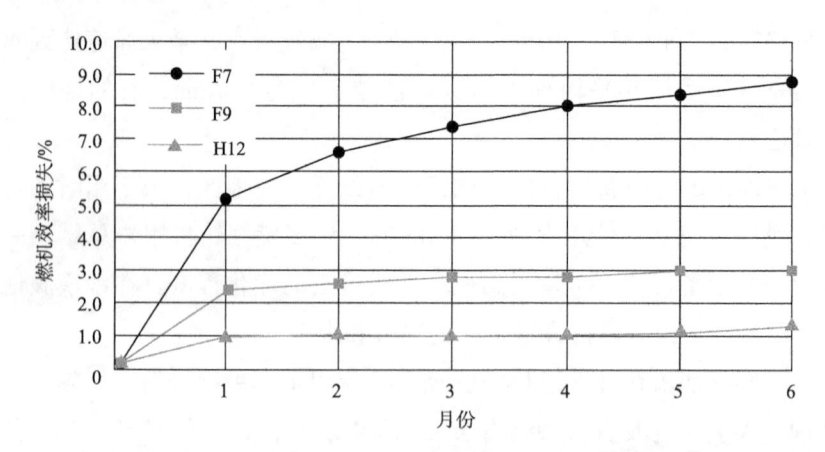

图 2.9　不同过滤等级滤芯对燃气轮机效率的影响的对比

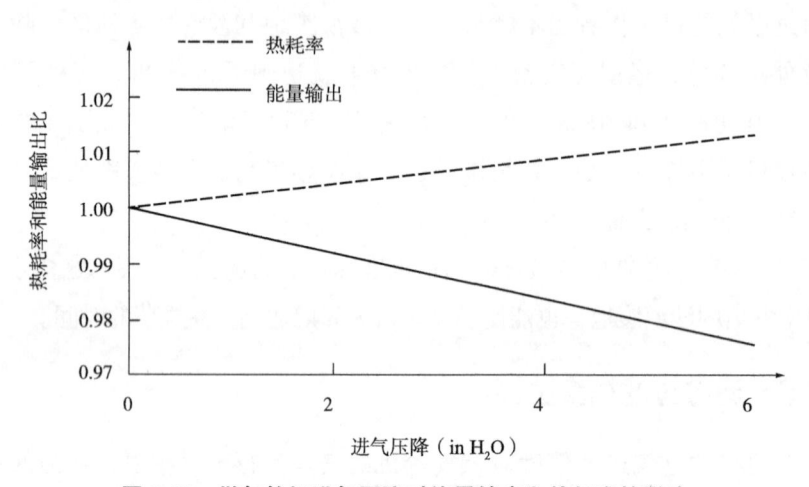

图 2.10　燃气轮机进气压降对能量输出和热耗率的影响

图 2.9 和图 2.10 的结果表明，空气过滤精度并不是越高越好。过滤精度越高，压损越大，燃气轮机的使用寿命越短，运行成本也越高。燃气轮机的进气滤芯的过滤精度一般为 F7—F9，特殊环境下为 H11—H12。从图 2.10 可知，燃气轮机的进气压降每增加 250Pa，燃气轮机功率损失约 0.4%，燃耗增加约 0.25%。

在不同的资料中，燃气轮机进气参数变化对输出功率及燃耗影响的程度略有不同。美国梅赫湾.P.博伊斯教授编著的《燃气轮机工程手册》中不同运行参数对功率输出和热耗率的影响见表 2.3。

表2.3 不同运行参数对功率输出和热耗率的影响

参数	参数变化	功率输出 /%	热耗率变化 /%
环境温度	20°F（-6.7℃）	-6.5	2
大气压	10mbar	0.9	0.9
空气湿度	10%	0.0002	0.0005
进气系统压降	1in H$_2$O（250Pa）	-0.5	-0.3

所以，一般进气系统的进气压降（IPD）设计原则是：一级过滤 IPD＜750Pa，二级过滤 IPD＜1200Pa，IPD=1300Pa 报警，IPD=1500Pa 紧急停机。有的燃气轮机进气系统还设计"防爆门"，当进气压降大于某设定值时，防爆门要自动打开。

最新设计的燃气轮机进气系统都不带防爆门。因为带防爆门不仅增加了进气系统设备造价，而且有时工作也并不可靠。但是特别设计了进气压降大于某一设定值时机组就要自动停机。有的用户随便解除紧急停机设定，或者把紧急停机设定值随意调高，任由进气压降升高，这样不仅会造成很大的经济损失，而且机组运行的危险性也很高。

燃气轮机进气压降 IPD 是指进气系统进气喇叭口稳流室与大气之间的压差，它包括进气雨棚（如果有的话）、过滤元件（1~3 级），风道、进气消音器等所有部位的结构阻力。因此，许多标准限定了进气道最大流速和风道的最大长度。风道的结构阻力的计算见式（2.1）。

$$\Delta p = \lambda \times 0.5 \times \rho \times C^2 \times L \tag{2.1}$$

式中 Δp——风道的结构阻力，Pa；

λ——阻力系数；

ρ——空气密度，kg/m^3，一般取 1.22kg/m^3；

C——风道流速，m/s；

L——风道长度，m。

2.7 进气冰堵

在某些环境和地区，燃气轮机进气滤芯在冬季会发生严重的冰堵，从而造成严重的进气堵塞。图 2.11 是某机组在周边水汽较大时，进气滤芯发生冰堵的实景照片。

燃气轮机进气系统设计与选型

即使在干旱的地区，冬季也会发生进气滤芯的冰堵。图 2.12 是某沙漠边缘地区燃气轮机电站进气系统经常发生严重冰堵的实景照片。特别引人注意的是，这里并没有水雾或从周边漂过来的水汽，结冰严重时，两个相邻的滤芯会被冰霜连在一起。

图 2.11 进气系统周边的水汽造成的滤芯冰堵 　　图 2.12 某沙漠边缘地区燃机进气滤芯发生冰堵的实景照片

有的燃气轮机用户遇到进气滤芯冰堵时，为了不让机组报警导致停机，不得不拆除部分滤芯（图 2.13）。这是十分危险的举措，这样做很难避免鸟类或冰雪等异物进入燃气轮机内，从而造成恶性事故。

有资料显示，有的燃气轮机压气机叶片结冰严重，甚至被冰块打伤，如图 2.14 所示。

图 2.13 遇到冰堵时不得不拆除部分滤芯

（a）压气机叶片结冰 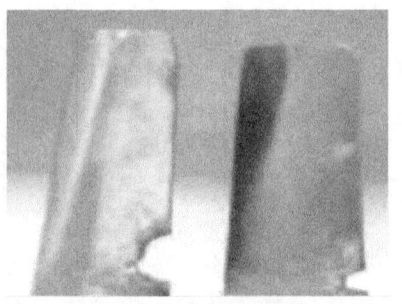　　（b）打坏压气机叶片

图 2.14 压气机叶片结冰和打坏压气机叶片照片

在高寒高湿地区，这些都是冬季燃气轮机在运行中经常遇到的现象。据《轻型燃气轮机文集（4）》，加拿大的输油管道在投运初期，装有数十台英国埃纹-1533燃气轮机。由于当地的气候条件十分严寒，大气中的水分被冻结成冰，导致多起燃气轮机的"吞冰"事故——首先打伤进气道壁面，继而打伤压气机叶片。还发生过压气机喘振、燃烧室熄火等事故，直接损坏了多台燃气轮机。所以国内外许多标准都有明文规定：在某些特定地区要设计进气防冰系统。

2.8 进气湿堵

在某些地区，进气滤芯在春、夏、秋季还会发生严重的湿堵，同样会导致严重的进气堵塞。图2.15是某燃气轮机电厂发生严重湿堵造成滤芯严重变形的实景照片。

图2.15显示，严重的湿堵已经把进气滤芯撑变形。值得注意的是，这种变形不是进气负压所造成，而是由滤芯内积盐遇水膨胀造成的。

图2.15 进气滤芯发生湿堵造成滤芯严重变形

即使在我国的中西部地区，当空气湿度较大时，也会发生进气滤芯湿堵，滤芯常常被吸扁，使燃气轮机无法正常运行，如图2.16所示。进气滤芯一旦被吸扁就不能复原，只能报废。

（a）被吸扁滤芯的正视图 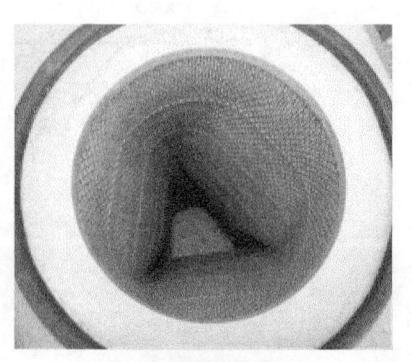　　　　（b）被吸扁滤芯的侧视图

图2.16 某燃压机组进气滤芯发生湿堵时滤芯被吸扁

空气中都含有不同样的水蒸气，各种环境下"水汽"的状态差别也很大，对此有专门的研究报告（表2.4）。

表 2.4 各种环境下水滴的尺寸

状态	水滴尺寸 / μm
湿气	水蒸气形态
雾（比湿气更浓）	0.01~2
冷却塔气溶胶	1~50
薄雾	1~50
云或雾	2~150
飞溅的水雾（船航行、海浪等造成）	10~500
细雨	50~400
雨滴	400~1000

从表2.4中可发现，在环境的相对湿度很大时，特别是对于在海洋平台和舰艇上工作的燃气轮机，必须首先防止其进气系统发生冰堵和湿堵。由于海洋平台和舰艇周边环境的空气中含盐量特别高，根据1987年ASME 87-GT-246，目前许多舰用燃气轮机进气系统的防冰防湿设计方案如图2.17所示。

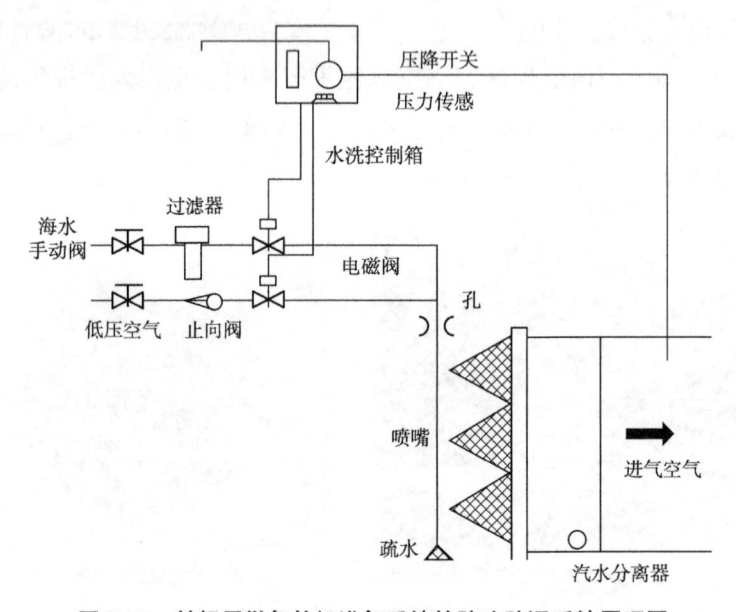

图 2.17 某舰用燃气轮机进气系统的防冰防湿系统原理图

同一资料表明，当环境温度为 15~40°F（-10~4.4℃）时，很容易在进气系统造成冰堵和湿堵。这时要用丙烯醇与海水按 1:3 混合，按 1.75gal/min 的流量向聚结式过滤器喷洒防冻液，然后再通过 2~3 级气/水分离器将丙烯醇与海水的混合液分离，这样可以有效避免进气系统的冰堵和湿堵，维持整个进气系统的进气压降基本不变，从而保证战艇的战斗力。2 级气/水分离器的结构原理图如图 2.18 所示。

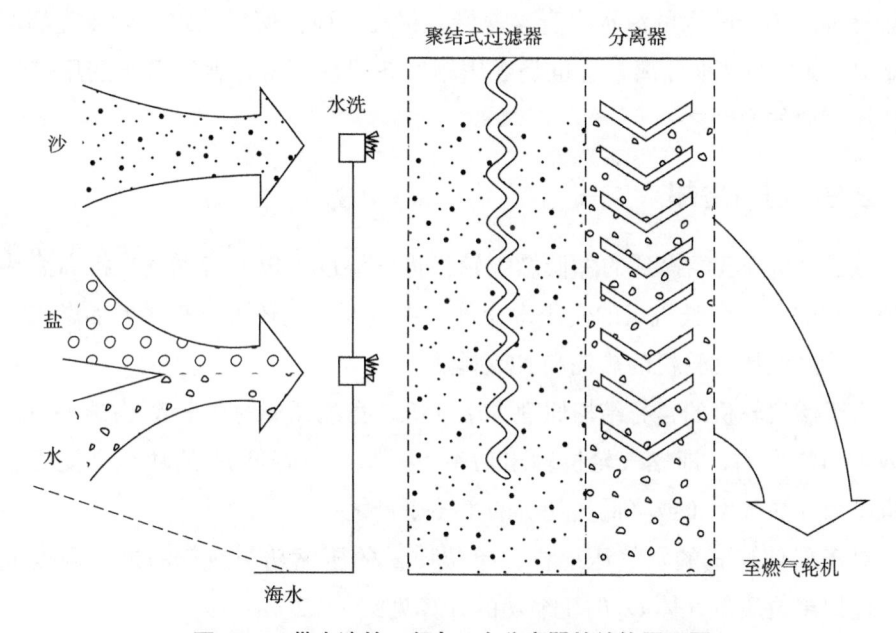

图 2.18 带水洗的 2 级气/水分离器的结构原理图

1987 年的 ASME 87-GT-14 表明，美国海军"伯克"级、"提康德罗加"级、"斯普鲁恩斯"级主动力装置为 4 台 LM2500 燃气轮机，都采用上述防冰防湿装置。资料称每年每舰平均使用清洗液 2700×10^4L，能节约燃油 9.8×10^4L，而"基德"级使用 3 级气水分离系统，能节约燃油 11.4×10^4L。该资料称：这些舰艇装备的燃气轮机，进气压降每减少 25mmH$_2$O（250Pa），燃油耗量将减少 0.3%。尽管消耗了大量的丙烯醇防冻液，但经济上还是很划算，特别是能够保证战舰的战斗力。

到 1988 年，美国海军已经订购了近 400 台 LM2500 燃气轮机，进气系统都是采用了如图 2.17 所示的进气防冰防湿装置。

到 1990 年，苏联海军共拥有各种燃气轮机 872 台，进气系统也大都采用类似图 2.17 的进气防冰防湿装置。

20 世纪末，我国已经突破了舰用燃气轮机的核心制造技术，舰用燃气轮机开始大量装备 052D 和 055 大驱等大中小舰艇，成为仅次于美国的世界海军大国。我国舰用燃气轮机进气除盐和进气防冰防湿技术，也是采取的类似技术。

依靠"除水即除盐"的理论和方法，舰用燃气轮机进气系统很难达到进气除盐标准。因为喷入的海水本身含盐量就很高，而任何机械式除盐装置都不可能做到 100% 气/水分离，这也是舰用燃气轮机使用寿命普遍低于陆用燃气轮机使用寿命的原因之一。

2.9 进气冷却

除了 2.5 节已经提到的降低燃气轮机进气温度可以改善燃气轮机高温热部件的冷却效果、延长机组的使用寿命外，更重要的是还可以有效增加燃气轮机的出力，降低燃气轮机的热耗和 NO_x 排放。

由于燃气轮机的自身结构原理，压气机自身消耗掉的功率 N_y 占透平所发功率 N_t 的 1/3 左右，即燃气轮机输出功率 $N_e=N_t-N_y$。降低 N_y 的功耗是提高燃气轮机出力和热效率（或降低热耗）的主要途径之一。

对于任何形式的空气压缩机，单位质量的压缩功与空气的进气温度成正比。任何单位质量气体 Q_0 的压缩功的计算见式（2.2）。

$$N_0 = Q_0 \frac{k}{k-1} RZT \left(\varepsilon^{\frac{k-1}{k}} - 1 \right) \frac{1}{\eta} \quad (2.2)$$

式中 N_0——单位质量气体的压缩功，kJ；

Q_0——进气量，kg/s；

R——气体常数，空气取 287.1J/(kmol·K)；

k——绝热指数，空气取 1.4；

Z——压缩因子；

T——气体入口温度，K；

ε——压比；

η——压气机效率，%。

也就是说，要降低压气机的压缩功，最有效的办法是降低压气机的进口温度 T。为了降低进气温度 T，出现了"级间冷却""蒸汽回注""进气冷却"等多种形式的技术措施，以提高燃气轮机的出力和热效率。但相比之下，"进气冷却"是一种相对简单和投资比较省的技术。

GE 公司的《重型燃气轮机的性能及参数》中公布的某重型系列燃气轮机的进气温度与出力和热耗的关系曲线如图 2.19 所示。

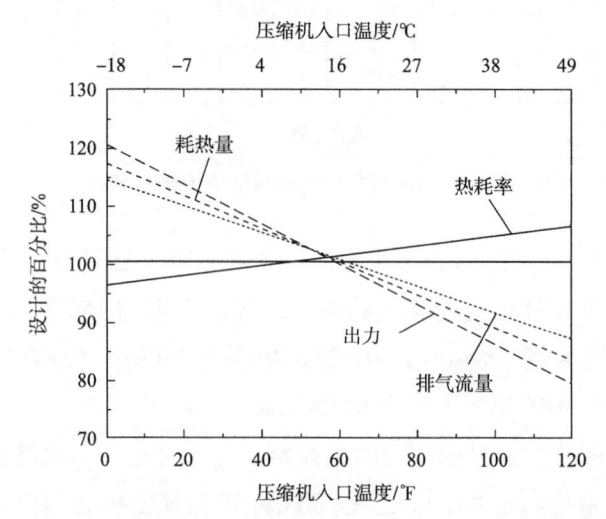

图 2.19　某燃气轮机的进气温度与出力和热耗的关系曲线图

一般情况燃气轮机进气温度每降低 10℃，输出功率升高约 10%，燃料消耗降低约 2%。降低燃气轮机的进气温度，同时也降低了燃气轮机的工作温度，能够延长燃气轮机的使用寿命。

2.10　降低 NO_x 排放的技术

燃气轮机发电与燃煤发电相比，能大幅降低烟尘和 CO_2 的排放量，但是 NO_x 的排放量又比煤电机组高许多。这是由燃气轮机的工作温度比燃煤锅炉的工作温度高许多造成的。

燃气轮机的 NO_x 生成量与燃气轮机的燃烧温度有特定的关系，它们的关系曲线如图 2.20 所示。

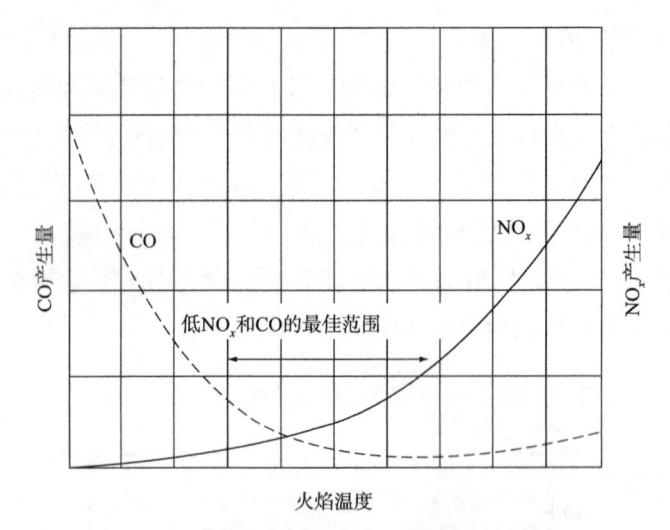

图 2.20 燃烧温度与污染物排放量的关系曲线

世界各国对 NO_x 排放的要求越来越高。美国 1977 年已经废除了原有 NSPS 条例，规定 30MW 级连续运行的燃气轮机 NO_x 排放极限为 150（$\eta \div 25$）ppm。以 30MW 级燃气轮机为例，$\eta=40\%$，NO_x 排放极限为 240ppm。现在国际标准要求 NO_x 小于10ppm，在 2030 年要达到碳达峰的目标。

为了尽快实现碳中和目标，我国也开始试行"碳交易"政策。以江苏省为例，目前 NO_x 交易价约 1.2 万元 /t。以 30MW 级燃气轮机为例，一台燃气轮机 NO_x 排放量约为 1.73t/d。若按这种价格收取 NO_x 排放费，燃气轮机用户每天生产成本增加约 2 万元。

为适应市场和国际标准的要求，各燃气轮机厂商相继研发出各具特色的干式燃烧技术（DLE）、蒸汽回注技术、级间冷却技术、SCR 脱硝等技术来降低燃气轮机的 NO_x 排放。目前许多燃气轮机已经达到 NO_x 小于10ppm 的水平。

但是，这些技术初始投资一般都很大，运行成本也较高，而且某些轻型燃气轮机改造后的 DLE 技术存在空燃比调节不稳定、自动点火逆燃、燃烧不稳定等问题；有些老旧机组还很难进行 DLE 技术再改造。

如果在进气系统中采用进气冷却技术，不仅能有效降低燃气轮机的 NO_x 排放，而且设备投资和运行成本相对要低许多。燃气轮机进气温度和湿度与燃气轮机 NO_x 排放的关系曲线如图 2.21 所示。

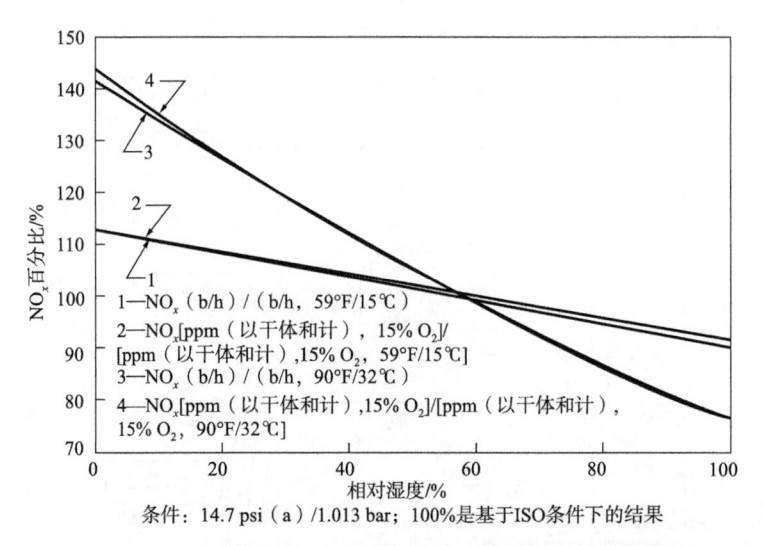

图2.21 燃气轮机 NO_x 排放与进气温/湿度的关系曲线

条件：14.7 psi（a）/1.013 bar；100%是基于ISO条件下的结果

图中曲线说明：
1—NO_x（b/h）/（b/h，59°F/15℃）
2—NO_x[ppm（以干体积计），15% O_2]/[ppm（以干体积计），15% O_2，59°F/15℃]
3—NO_x（b/h）/（b/h，90°F/32℃）
4—NO_x[ppm（以干体积计），15% O_2]/[ppm（以干体积计），15% O_2，90°F/32℃]

图2.21表明，在同样相对湿度条件下，进气温度从32℃降至15℃，NO_x 降低30%左右；在同样温度条件下，相对湿度增加20%，NO_x 排放降低15%左右。如果把进气温度从32℃降至15℃，相对湿度从20%增至80%，NO_x 能降低80%左右。

2.11 压气机水洗

据相关资料显示，苏联对某燃气轮机做过空气平均含尘量为 2.2mg/m³ 条件下的4000h耐久性试验。设备解体后压气机灰尘沉积值记录如下：

（1）低压压气机进口导向器沉积物：2.4g；

（2）低压压气机一级叶片沉积物：1.2g；

（3）高压压气机一级导向器沉积物：1.0g；

（4）高压压气机一级叶片沉积物：0.1g。

这些沉积物的质量看似甚微，但是造成压气机效率降低了8%，总压比减少了7%，燃气轮机的有效输出功率下降了17%。

对压气机"水洗"可以有效清除压气机上的沉积物。水洗作业不仅对燃气轮机的效率和有效输出功率影响很大，而且还关系到燃气轮机的安全运行。特别是目前燃气轮机的压比都非常高，由20世纪50年代的7:1提高到目前的30:1。但是，压气机压比的增加又降低了压气机的安全运行范围，压气机运行范围从压气机速度线低流量端的喘振线延伸到速度端的阻塞点。因此，高压比压气机对压气机叶片结垢更敏感，《燃气轮机工程手册》表明，高压比的燃气轮机进气压降对机组出力和热耗影响更大，高压比压气机特性曲线如图2.22所示。

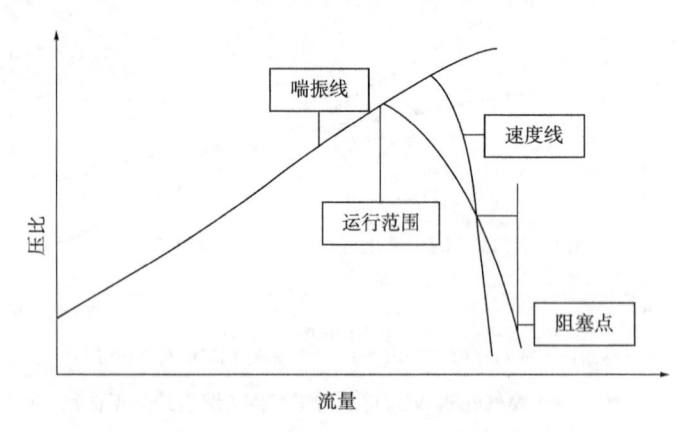

图2.22 高压比压气机特性曲线

采取F7—F9过滤精度的进气滤芯，总有不同程度的空气污染物黏附在压气机叶片上，从而改变了压气机的叶型，影响整个燃气轮机的输出功率和效率。因此所有燃气轮机运行手册中都有"定期水洗"或"视情水洗"作业的规定，一般是1500~2000h水洗一次，以清除掉黏附在压气机叶片上的污染物。水洗有在线水洗和离线（停机）水洗两种模式。压气机水洗前后的机组功率如图2.23所示。

进气滤芯过滤精度的高低对水洗周期的影响最大，过滤精度越高，水洗周期越长，但过滤精度越高，运行费用越高，进气阻力越大。用户要在滤芯采购成本和水洗对燃气轮机功率损失的影响程度之间做出选择。

燃气轮机必须具有一定过滤精度的进气过滤系统。目前绝大多数燃气轮机供应商要求过滤精度为F9（EN 779—2012）。如果出现水洗周期远小于1500~2000h的情况，应该确认进气系统特别是进气滤芯是否有问题。

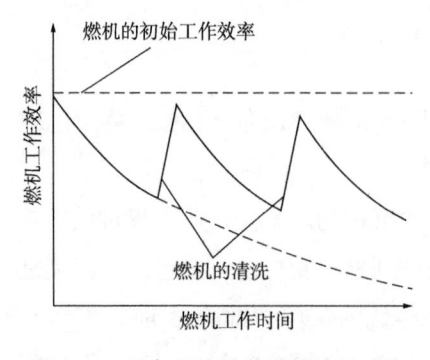

图2.23 压气机水洗前后的机组功率

第 3 章　燃气轮机进气过滤器简介

空气过滤器及其滤芯是一种十分古老的空气净化通用设备。燃气轮机配套的进气过滤器有多种结构形式，以适应不同场合和不同运行方式的要求。常见的基本形式有"静态""动态"、单级、多级等，或者是"动态＋静态"的多种组合。燃气轮机进气系统目前以"动态＋静态"组合最为常见。

3.1　静态空气过滤器

这是最原始也是最常见的一种燃气轮机进气系统。它是把袋式、箱框式或圆桶式过滤元件组合成 1~3 级对空气分级过滤。它的显著特点是结构简单，可以达到很高的过滤精度。它的缺点是由于受过滤元件固有的"容尘量"和燃气轮机进气压差限制，滤芯使用寿命有限，需要停机更换滤芯。典型的多级组合静态过滤器结构原理图如图 3.1 所示。

进气过滤器的运行结果表明，进气过滤级数不宜太多。如果增加各级过滤器的数量，进气压降会太大。这要在一次性投资和总运行成本上做综合评估。

燃气轮机进气系统目前已不太选用多级静态过滤器，除非是备用或调峰机组，或者是空气质量太差而过滤精度要求很高时才不得不选用。选用静态过滤器时的经济分析图如图 3.2 所示。

3.2　过滤元件

过滤元件又称滤芯。各种形式和过滤精度的过滤器滤芯如图 3.3 所示。

燃气轮机进气系统设计与选型

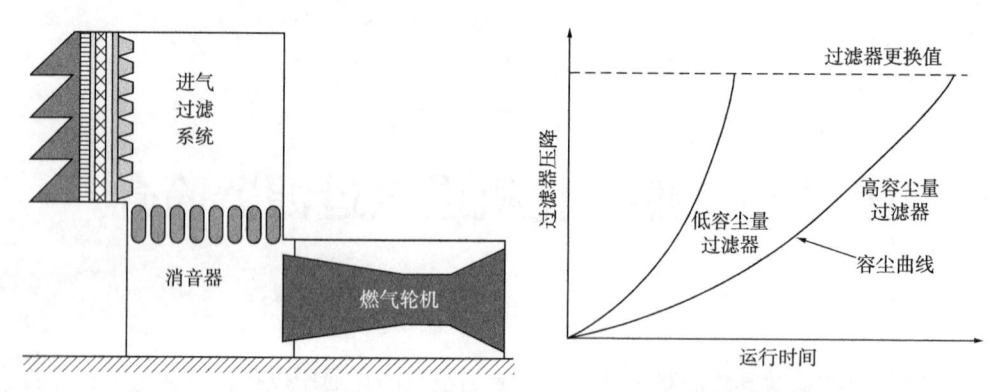

图 3.1　典型的多级组合静态过滤器结构原理图（GMRC 提供）

图 3.2　选用静态过滤器时的经济分析图

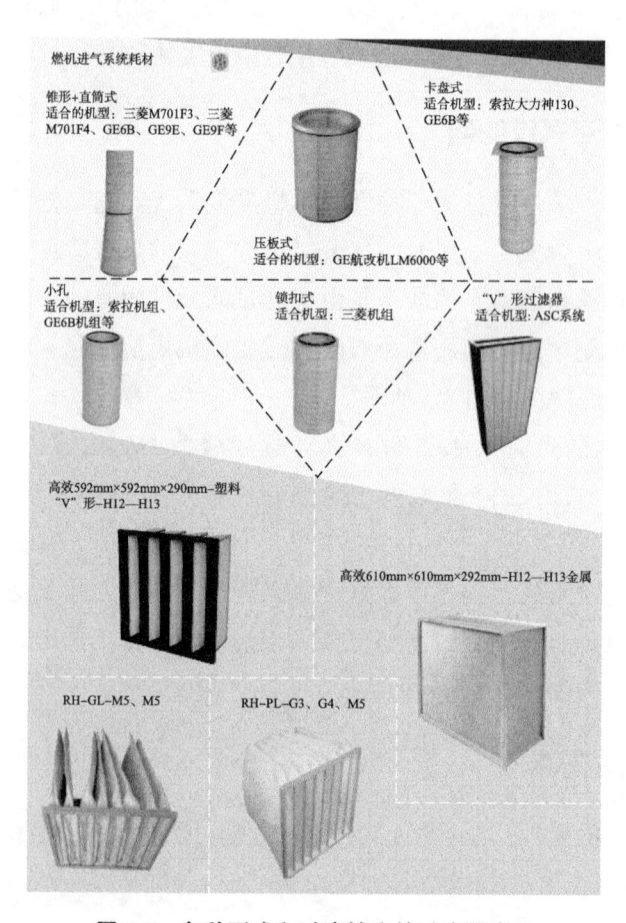

图 3.3　各种形式和过滤精度的过滤器滤芯

030

3.3 动态空气过滤器

动态过滤器的全称是脉冲自洁式空气过滤器。为使燃气轮机能够长期运行而不更换滤芯，在20世纪70年代发明了一种动态过滤器，根据滤芯的安装方向，动态过滤器有卧式动态过滤器和立式动态过滤器之分。单层一级、多层一级立式动态进气过滤器的外形结构分别如图3.4和图3.5所示。

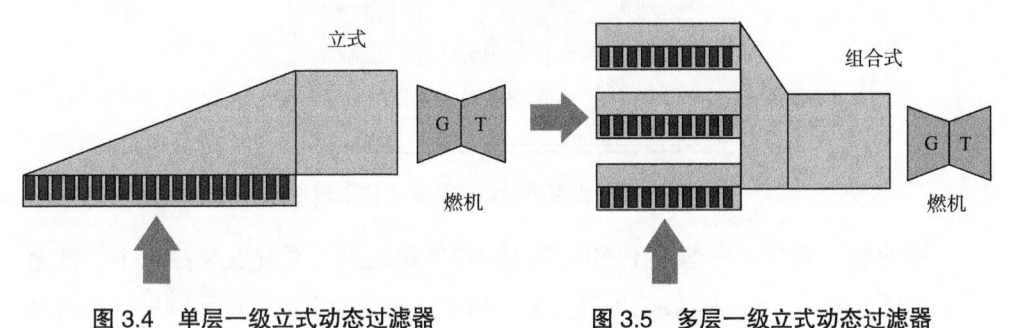

图3.4 单层一级立式动态过滤器

图3.5 多层一级立式动态过滤器

动态过滤器也可以与静态过滤器组成"动态+静态"结合的卧式2级过滤器，如图3.6所示。

典型的一级脉冲自洁式空气过滤器外形结构如图3.7所示，其工作原理如图3.8所示。

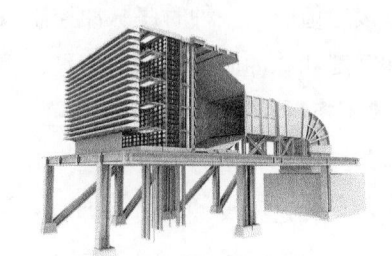

图3.6 卧式"动态+静态"二级空气过滤器

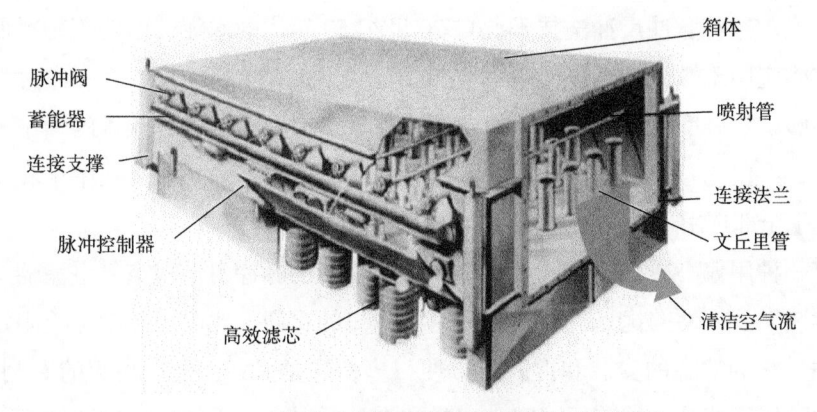

图3.7 一级脉冲自洁式空气过滤器外形结构图

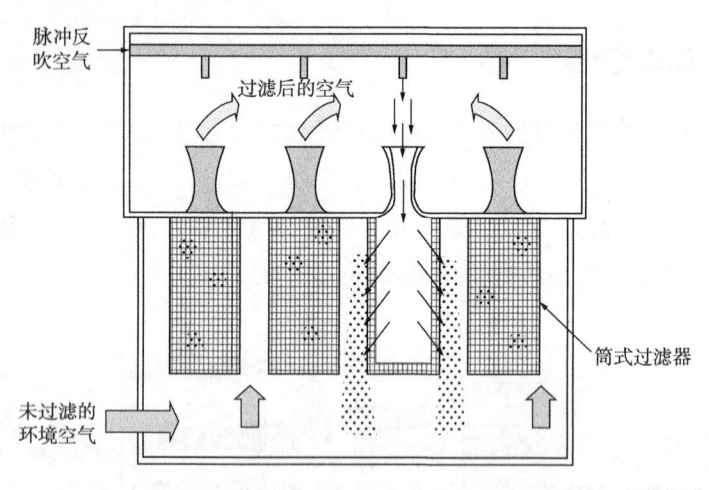

图 3.8　脉冲自洁式动态过滤器工作原理图

脉冲自洁式空气过滤器工作原理：在燃气轮机进气系统安装数十个，其至千余个进气滤芯，滤芯一般是垂直安装。当进气压差检测装置检测到进气压差高于某设定值时，一种时序脉冲控制系统自动启动，发出一系列有时序的、有一定脉冲宽度和脉冲周期的脉冲信号，用压缩空气通过脉冲阀和文丘里管对部分滤芯（一般不超过 1/20）进行有时序的、自里向外的脉冲式反冲洗，以清除掉滤芯中的积灰，积灰靠重力垂直落下；当进气压差恢复到一定数值，或者经过设定的冲洗次数后，这种反冲洗过程即自动停止。由于反冲洗时只对部分滤芯进行清洗，所以并不影响燃气轮机的正常运行。利用文丘里管的引射原理，只消耗少量的压缩空气（一般引自仪表风或压气机引气）就能起到很好的反冲洗作用。

其实，这种脉冲反冲洗技术源自 20 世纪 50 年代的水泥、面粉等物料回收技术。它能应用于燃气轮机进气系统，主要是因为世界上研制出了有一定过滤精度和有足够"耐破度"的滤材。这种自洁式空气过滤器在沙尘暴频繁的干旱地区特别适用，不仅滤芯的自洁效果很好，而且滤芯的使用寿命很长。在中东和中亚地区，几乎全部选用这种一级立式脉冲自洁式空气过滤器。

有一种用偏心压杆一次压紧数个滤芯端盖板的脉冲自洁式空气过滤器，具有滤芯拆装十分方便的优点，很受燃气轮机用户的欢迎。比起用芯轴螺栓固定滤芯的方法，它的滤芯的安装和拆卸要方便得多，这是 FARR 公司当年的专利技术。但是这种依靠滤芯上端盖板固定和密封的设计，对进气系统机械制造精度的要求较高，如果加工制造尺寸超差，或者滤芯端盖板黏结不可靠，会造成滤芯密封失效，从而造成损坏燃机的事故，如图2.7和图2.8所示的意外事故。它的滤芯拆装方法如图3.9所示。

由于这种脉冲自洁式空气过滤器有诸多优点，它在石油化工行业有广泛的应用，所以原中国石油天然气总公司曾经在1989年专门立项，成功研制了除滤芯外完全国产化的脉冲自洁式空气过滤器，于1991年通过了省部级鉴定，得到了广泛应用。图3.10是为数台进口燃气轮机配套的自洁式进气系统，有的已经安全运行了30年。它的显著特点是滤芯拆装方便、自动清灰效果好、滤芯使用寿命长。

图3.9 压杆导轨式空气过滤器的滤芯安装方式

我国的西气东输工程有数百台发电机组和燃压机组。从中亚到广东沿海地区，经历了各种气候和不同程度的天气污染的考验，几乎全部设计配套这类进气过滤器，证明该系统比较成功。其中，典型的进气系统外形如图3.11所示。

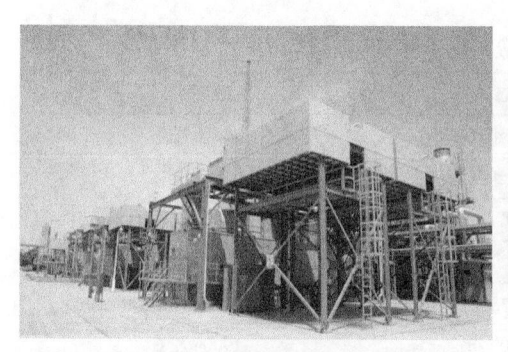

图3.10 为数台进口燃气轮机配套的自洁式进气系统

图3.11 西气东输工程的某燃压机组进气系统外形

对于这种形式的立式脉冲自洁式燃气轮机进气系统，虽然是一级F9过滤，但也能在风沙特别大、空气中含盐量高、温差非常大、空气干旱炎热的地区使用。

第 4 章　燃气轮机进气系统存在的问题

由于燃气轮机进气系统在技术上存在不少盲区和误区，有些相关标准也存在明显的理论错误，目前进气系统存在许多问题，包括设计选型不当、进气设备本身存在质量问题、滤芯存在质量问题等，给用户造成了不少困扰和损失。

4.1　进气滤芯使用寿命太短

进气滤芯是所有燃气轮机运行的常耗件，它的使用寿命与它们固有的"存灰量"有关，粒径小于 0.3~0.4μm 的细微尘埃嵌在滤芯内，一般是反吹不出来的，所以在不同的空气质量条件下，末级精滤的使用寿命应为 6000~8000h。但是，根据《汽轮机技术》中某篇文献的统计，我国东部地区各种形式进气滤芯的使用寿命见表 4.1。

表 4.1　东部地区末级精滤使用寿命统计表

机型	滤芯形式	滤芯数量	更换周期
9E	自清式	464 组精滤	3400h 左右
9F	自清式	672 组精滤	3600h 左右
M701F3	自清式	153 组粗滤 +900 组精滤	3100h 左右
6F.03	静态式	144 个粗滤 +144 个精滤	粗滤约 2200h，精滤 2800h 左右
V94.2	自清式	504 个粗滤 +616 组精滤	4300h 左右
9FA	改造前一级自清	700 组	1900h 左右
	改造后一级粗滤 + 一级精滤	810 组粗滤 +900 组精滤	5500h 左右

由表 4.1 可知，该统计数据与西气东输工程中数百台在用燃气轮机的进气滤芯的实际使用寿命和滤芯厂商提供的 8000h 使用寿命相比，相差甚远，可能与进气系统设计选型不当有关。

4.2 进气设备存在制造质量问题

与表 4.1 的资料相反,有的用户是 2 年更换一次燃气轮机进气滤芯,进气压降也不高,甚至还低于进气滤芯初始压降。某燃气轮机大户选用了世界知名品牌的进气系统,进气滤芯也是进口原装滤芯。曾经对在用的多台机组的进气压降进行过一次在线调查。发现机组中只有 35% 的进气压降基本正常,有 65% 左右的进气压降不正常或者是很不正常。典型的调查结果见表 4.2。

表 4.2 某用户燃气轮机进气压差实时统计表(节选)

站场号	滤芯使用时间 /h	滤芯进气压降 /Pa	分析
1#	2369.4	530	正常
2#	2162	199.9	与 1# 相比不正常
3#	2312.7	162.2	与 1# 相比很不正常
4#-1	20334.4	540	与 1# 相比很不正常
4#-2	20350.1	50.9	与 1# 相比很不正常
4#-3	18235.3	91.7	与 1# 相比极不正常

进气系统设备本身存在制造质量问题,会造成进气滤芯密封不良或密封失效。经调查,发现这些进气设备普遍存在许多不正常现象(图 4.1)。

(a)滤芯密封失效　　(b)成排滤芯密封不良

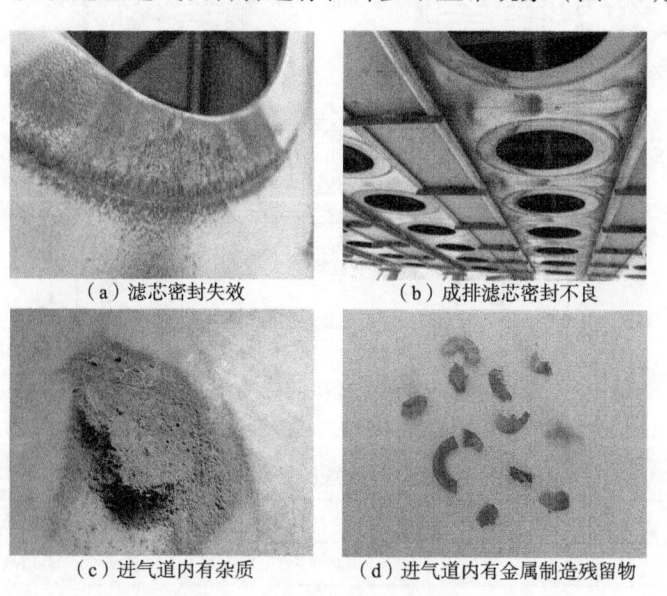

(c)进气道内有杂质　　(d)进气道内有金属制造残留物

图 4.1 进气设备不正常现象

燃气轮机进气系统的设计和制造都有很严格的要求和规定。但是有的设备制造商在质量管理上显然存在不少疏忽或漏洞，这是不能忽视的。很显然，这些问题的存在已经使燃气轮机进气系统的空气过滤器密封失效，表现形式是进气压降降低，也造成了空气过滤器使用寿命很长的假象。这是造成表4.2所示结果的直接原因。

4.3 进气系统设计选型不当

为了尽量降低进气系统的压降，早有标准规定：进气风道的空气流速小于10m/s；进气风道总长度小于10m；燃气轮机进气系统风道的结构压损小于250Pa；进气系统总压降IPD小于1200Pa。

某燃气轮机进气系统供应商设计的进气系统如图4.2所示。为了对进气除盐，它是三级过滤，末级采用H13精滤，最前端还设计了进气加热系统。

图4.2所示的三级进气系统的各级压降和总压降见表4.3。

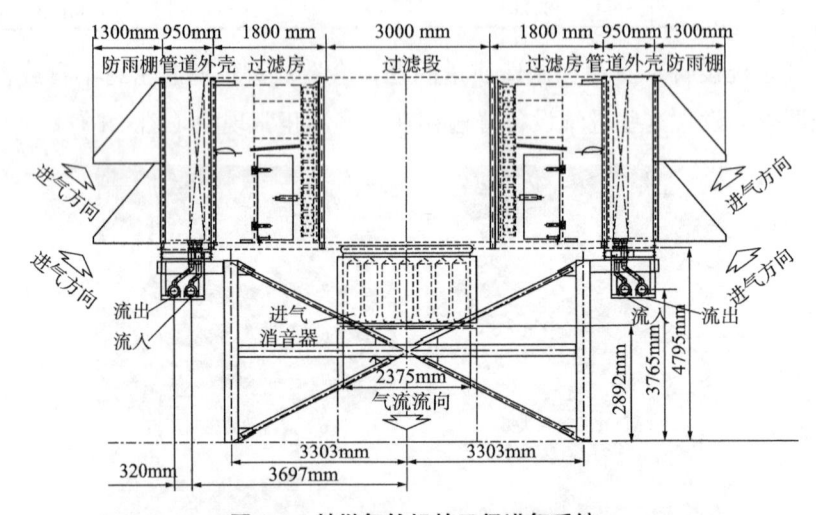

图4.2 某燃气轮机的三级进气系统

表4.3 三级进气系统的各级压降和总压降

级序	各级名称	使用前	使用后
1	防雨罩	0.04inWC（10Pa）	0.04inWC（10Pa）
2	防护网	0.04inWC（10Pa）	0.04inWC（10Pa）

续表

级序	各级名称	使用前	使用后
3	加热翅片管	0.165inWC（41Pa）	0.165inWC（41Pa）
4	粗滤	0.30inWC（75Pa）	2.50inWC（623Pa）
5	中效过滤	0.95inWC（237Pa）	3.00inWC（623Pa）
6	精滤	0.84inWC（209Pa）	2.5inWC（747Pa）
7	风道	0.185inWC（46Pa）	0.185inWC（46Pa）
8	消音器	0.976inWC（243Pa）	0.976inWC（243Pa）
	总压降	3.496inWC（871Pa）	9.406inWC（2343Pa）

它的进气总压降为2343Pa。这种进气设计的进气总压降与图2.10的偏差太大，与API 616—2022的要求严重不符。按照图2.10估算，进气系统初损就使机组功率损失约1.3%，热耗增加约0.65%。它的总体设计布置虽然不存在较大的问题，但是根本的问题在于各级滤芯设计的数量太少，在初始设备投资和运行成本上考虑不当。

国内设计配套的大机组的绝大多数进气系统都是1~2级卧式静态或一级卧式动态过滤器，如图4.3所示。

国内还有一种设计配套的1~2级卧式静态或一级卧式动态过滤器，是为国产6F或9E大机组设计配套的进气系统。有一种为AE94.3A设计配套的进气系统，把进气消音器设计在离燃气轮机压气机入

图4.3 1~2级卧式静态或一级卧式动态过滤器

口很远的高处，离压气机入口的距离大于30m，风道长度大于27m，是一般标准最大允值的3倍以上；风道的截面积A为17.1m^2，风道计算流速C为36m/s，是一般标准最大允值的3.6倍。这与国内不少同类设备的进气系统存在着巨大的差距（表4.4）。

表4.4 两种机型的风道结构参数

机型	额定进气量/（m^3/s）	风道截面积/m^2	风道长度/m	风道流速/（m/s）
AE94.3A	608	17.1	>27	35.56
PG9351FA	511	45.0	<5	11.36

上述情况是相关用户所用机组带不上负荷的根本原因，特别是当气温大于30℃时，此情况就更加明显。具体的出力损失和燃耗损失等隐形损失可能至今不为有关方知晓。根据表2.3估算，这种进气系统使燃气轮机功率损失大于3.5%，燃耗损失大于1.2%。

一台9F机组进气压降平均降低400Pa，年运行3500h，能节约燃料费108万元。进气系统不合理的选型或者是错误的设计，无形中使燃气轮机制造厂多年来在提高机组热效率方面的努力付之一炬，给用户造成了重大的经济损失。

在国内有不少这种设计的燃气轮机进气系统。业内需要提高对燃气轮机进气系统的设计和研究的重视程度，应该尽快中止这类错误的设计配套，必要时应对其进行改造。

4.4 进气除盐技术有待提高

图4.4是某燃气轮机因盐腐蚀而损坏的涡轮叶片。

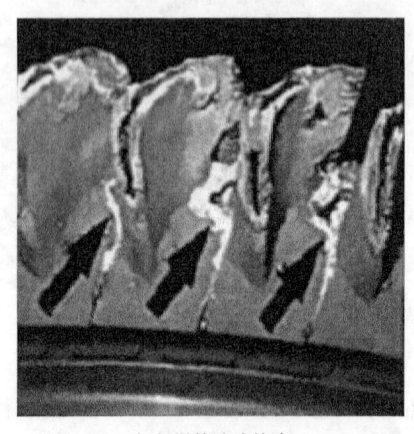

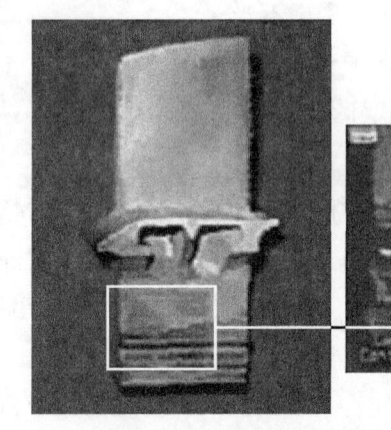

（a）涡轮叶片故障　　　　　　　（b）涡轮叶片故障的根源

图4.4　盐腐蚀的燃气轮机涡轮叶片

实际上，陆上有些地区的空气中含盐量也很高。例如，某集团公司是当地有名的花园式化工厂，厂内绿树成荫，空气十分新鲜。但是该厂首批安装的4台焦炉煤气（COG）燃气轮机发电机组在运行了9000h左右后，相继发生了2台机组"剃光头"的恶性事故（图4.5）。压气机叶片积盐十分明显（图4.6）。

图 4.5　因盐腐蚀损毁的一级涡轮叶片　　图 4.6　压气机一级叶片上的积盐

经过 SGS 公司在现场对空气取样分析，发现该厂厂区和进气道中空气的 Na 和 K 含盐量达到 1.21mg/m^3，进气系统的原设计根本没有考虑进气除盐，造成进气含盐量是国际标准允值的 666 倍。SGS 公司的检测分析报告见表 4.5。

表 4.5　某集团公司厂区及进气道内空气的取样分析报告一

气体分析			实验室编号	8060074-02	8060074-03
报告编号：×××			样品原标识	1	2
			采样日期	2008/6/26	2008/6/26
项目编号：×××			样品接收日期	2008/6/27	2008/6/27
			采样位置	工厂气源	仪表风
分断指标		方法	单位	气体	气体
金属					
钾（K）	排放浓度		mg/m^3	0.52	0.18
	排放速率		kg/h	0.014	5.59×10^{-3}
钠（Na）	排放浓度		mg/m^3	0.69	0.52
	排放速率		kg/h	0.019	0.016
湿化学					
硫酸盐	排放浓度		mg/m^3	14	0.78
	排放速率		kg/h	0.039	0.025
硫化氢	样品浓度	GBZ/T 160.33（7）—2004《工作场所空气有毒物质测定　硫化物》	mg/m^3	<0.51	<0.61

该厂区另一个同期建设的燃气轮机用户的空气质量更差，SGS 的空气质量检测报告见表 4.6。

表 4.6 某集团公司厂区及进气道内空气的取样分析报告二

气体分析				实验室编号	8090023-01	8000023-02
报告编号：××× 采样地点：×××				样品原标识	Air-01	Air-02
				采样日期	2008/9/6	2008/9/5
				样品接受日期	2008/9/8	2008/9/8
				采样位置	过滤器进气口	过滤后管道
分析指标	方法	报告限	单位		空气	空气
圆粒物						
0.3μm	HACH Partide Counter 直读	—	pm²		406025.7	502366.0
0.5μm		—	pm²		114473.7	707099.8
1μm		—	pm²		17470.3	163774.7
2μm		—	pm²		11299.7	60812.3
5μm		—	pm²		1535.7	1251.3
10μm		—	pm²		0	0
颗粒物	GB/T 16157—1996《固定污染源排气中颗粒物测定与气态污染物采样方法》	0.80	mg/m³		13.8	9.38
硫化氢	GBZ/T 160.33（7）—2004《工作场所空气有毒物质测定 硫化物》	0.1	mg/m³		< 0.1	≥ 0.1
硫酸盐		5	mg/m³		< 6	< 5
氢化物		0.008	mg/m³		0.302	0.188
金属						
钠（Na）		0.02	mg/m³		3.39	3.12
钾（K）		0.02	mg/m³		2.68	0.61

该燃机进气道的空气中 Na 和 K 含量达到 6.07ppm，达到海况六级以上的水平，进气道内的 Na 和 K 含量也达到 3.73ppm。

某海上油田一年内打坏了 8 台燃气轮机的叶片。对于造成这种同类事故的原因，买卖双方意见很不一致。这是否与海洋平台空气含盐和进气除盐方法不当有关？陆上用户曾经发生过两起类似事故，经过进气除盐改造后，就再也没有发生过这类意外事故。燃气轮机的设备生产厂和用户都要重新研究一下发生这种事故的根本原因。

4.5 进气防冰防湿存在盲点或误点

4.5.1 进气防冰

如图 2.11 和图 2.12 所示，进气滤芯发生冰堵会严重影响机组的安全运行。这些机组本身都已经带有传统设计的进气防冰系统。以西气东输工程为例，世界知名燃气轮机制造商设计配套的进气防冰系统的进气滤芯非但不防冰，而且还常常发生"防冰保护停机"。对此，燃气轮机供货商有不可推卸的责任。为了找到事故原因，燃气轮机供应商和用户双方在现场做了许多调查和试验，收集了大量的资料数据，但就是找不到防冰失败和防冰保护停机的原因，也就无法研究新的整改办法，直接影响到西气东输工程的冬季运行。为此，燃气轮机用户不得不利用国内的技术力量进行了专项技术攻关。

4.5.2 进气防湿

对于燃气轮机进气滤芯的湿堵，业内普遍认为是因为进气滤芯的滤材不防水，因而研究人员试图研制一种能防水的滤材，以满足市场的需求。世界两大滤材生产商一直在试图研制一种防水滤材，部分试验报告如图 4.7 和图 4.8 所示。如图 4.7 所示，对于不含木浆纤维的全合成滤材，在浸水复原后，仍然能够保持 70% 以上的透气度，但机组在运行中不可能等到滤材浸水复原。

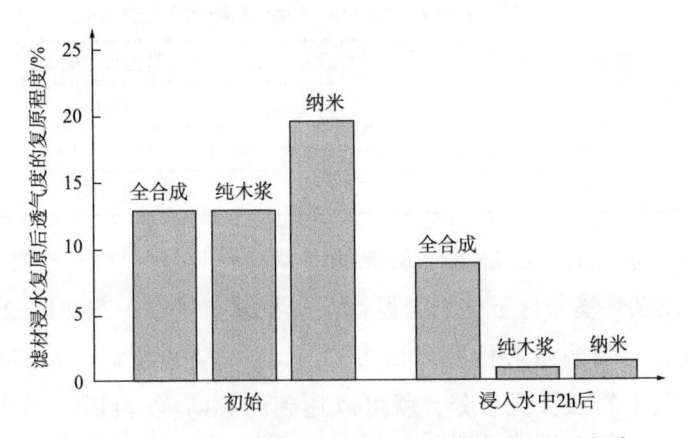

图 4.7 Donaldson 滤材供应商进行的滤材防水试验报告

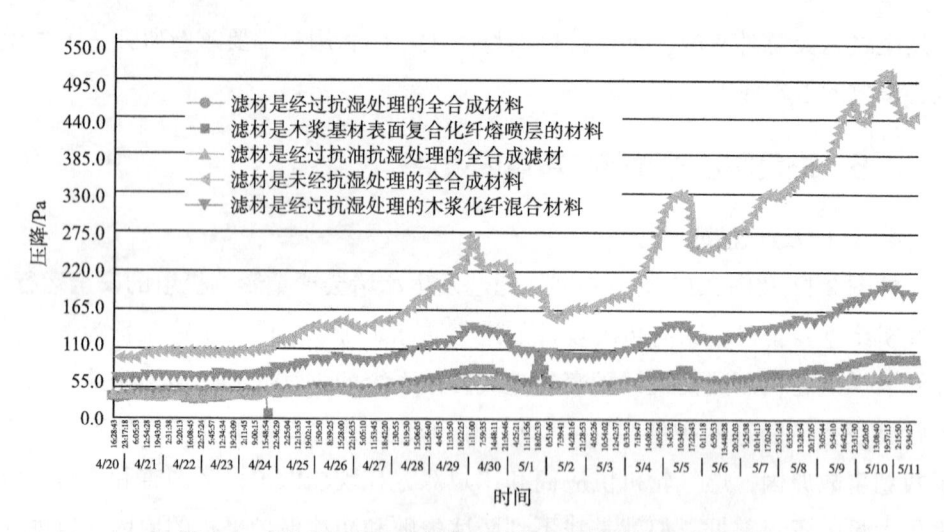

图 4.8　AHLSTROM 滤材供应商进行的滤材防水试验报告

图 4.8 表示：未经抗湿处理的全合成材料防水性最差，而经过抗油抗湿处理的全合成滤材防水性最好。但各种滤材有各自的特点和应用场合，不能相互取代；有的滤材虽然防水性好，但同样会发生湿堵和冰堵。

国际著名滤芯供应商用防水性能最好的滤材制造的所谓防水滤芯，在北京某燃气轮机电厂做挂机试验，遭到了彻底的失败。我国某团体标准将燃气轮机进气过滤器的抗湿堵时间进行了等级划分（表 4.7），认为选用抗湿堵时间级别在 SDB 以下的滤芯就能防湿。

表 4.7　燃气轮机进气过滤器的抗湿堵时间等级划分

抗湿时间级别	抗湿时间 t/min
SDA	$t > 180$
SDB	$60 < t \leqslant 180$
SDC	$t \leqslant 60$

为解决全球范围内燃机进气系统的湿堵难题，保障燃气轮机在雨水、雾霾、高湿等复杂环境条件下的安全运行，最新颁布了 ISO 29461—2：2022《燃气轮机进气过滤器耐水雾性能测试方法》。为了防止湿堵，人们自然联想到只要除去进气中的水雾或水分，就可以达到滤芯防湿的目的。美国 GMRC 和 SWRI 在《燃气轮机进气过滤系统指南》的 2010 版中建议采用如下所述的进气

滤芯设计防止滤芯的湿堵：即在进气滤芯前增加一种1~2级凝聚式气/水分离器，以清除或大部分清除掉空气中的水雾，设计方案如图4.9所示。

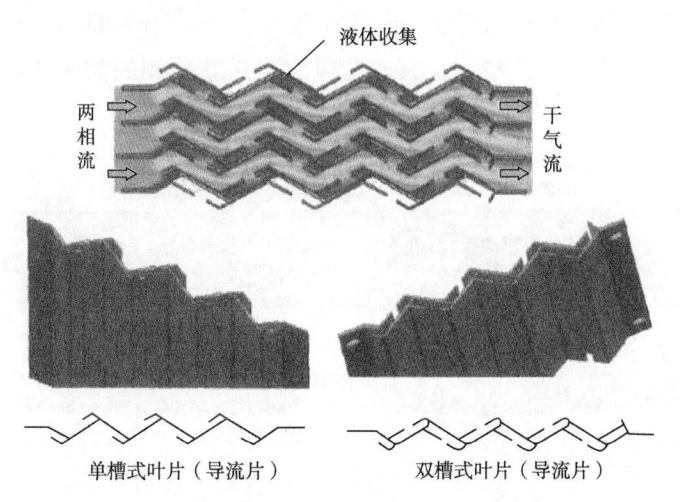

图4.9 凝聚式气水分离器的设计方案

燃机界不少专业人员并没有搞清楚进气滤芯发生湿堵的根本原因。有大量事实证明，进气滤芯是否发生湿堵与滤材本身是否防水几乎没有多大关系，滤芯的湿堵往往是滤芯自身产生的冷凝水浸湿了滤芯中的积灰和积盐，其遇水膨胀造成了滤芯的湿堵。

2016年，某燃机电厂做过一次不同滤芯的挂机试验，以考查哪家滤芯的过滤精度更高、使用寿命更长、防冰防湿效果更好。试验的结果不仅说明了许多问题，有些结果还出乎人们的意外。该电厂的进气系统的结构原理图如图4.10所示。

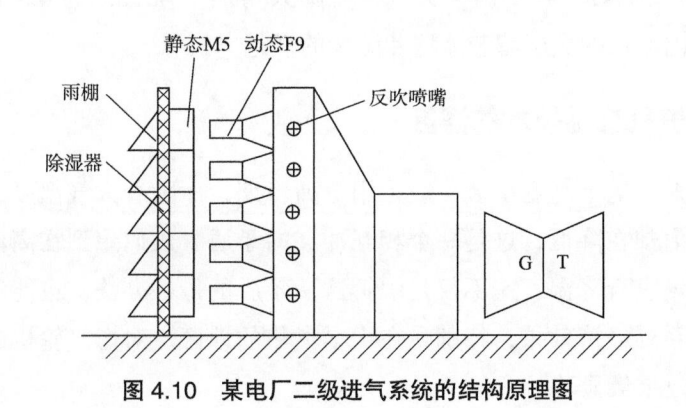

图4.10 某电厂二级进气系统的结构原理图

该进气系统采用的是二级过滤。在雨棚罩后面设计有机械式除湿器，除湿器下游是新增加的 M5 预过滤器，材质为玻纤，材质本身是完全防水的。预过滤器的下游为带脉冲反冲洗的 F9 高效精滤，1# 和 2# 精滤的供应商都是世界知名滤芯供应商，其中，2# 精滤是某滤芯供应商最新研制的防水滤芯，试用的记录见表 4.8。

表 4.8 某电厂进气滤芯的冰堵湿堵记录表

滤芯编号	时间	粗滤后压力/Pa	精滤后压力/Pa	燃机进口导叶IGV前压力/Pa	负荷/MW	大气温度/℃	大气湿度/%RH	有无冰堵湿堵现象
1# 粗滤	2015/12/23 05：16	1210	1306	1410	183	−3.3	87.9	粗滤出现冰堵
2# 粗滤	2015/12/23 05：16	808	1122	1293	190	−3.3	87.9	粗滤出现冰堵
1# 精滤	2016/7/19 17：57	134	238	460	212	24.1	87.7	连续两天大雨，压降只增加45Pa，无湿堵
2# 精滤	2016/7/19 17：57	396	1130	1400	210	24.1	87.7	连续两天大雨，存在明显湿堵

1# 粗滤和 2# 粗滤都是由完全防水的玻纤材料制造，并且在它们的上游还安装了除湿器。按预想，它们不会发生冰堵，但这两款滤芯却同时发生了冰堵；2# 精滤虽然是最新研制的防湿滤芯，但是它反而不防湿；1# 滤芯并没有说能防湿，它反而能防湿，因此它被认定是防湿滤芯。

经分析，1# 滤芯并不是能防湿，而是它已经过滤失效，进气压差仅为 238Pa−134Pa=104Pa，在阴雨天天气，压降只增加了 45Pa。表 4.8 表明，需要重新认识业内流行的关于滤芯冰堵和湿堵的理论。

4.6 进气降温技术的误区

众所周知，夏季高温季节一般是用电高峰期，而随着大气温度的升高，燃气轮机的出力却在降低，这是一个相互冲突的矛盾。人们想到在高温季节对燃气轮机的进气进行降温，这不仅是缓解这一矛盾的最好办法，也能给燃气轮机用户带来一系列经济效果，特别是在干旱炎热的地区，对燃气轮机的进气进行降温的经济效果最显著。

到 1988 年，GE 公司在中东地区就设计配套了 35 台唐纳森（Donaldson）公司生产的湿膜介质式蒸发冷却器，取得了较好的使用效果。我国西部某电厂在一台 6F 机组上也配套了这种进气冷却装置，同样取得了很好的使用效果。湿膜介质式蒸发冷却器的结构原理图如图 4.11 所示。

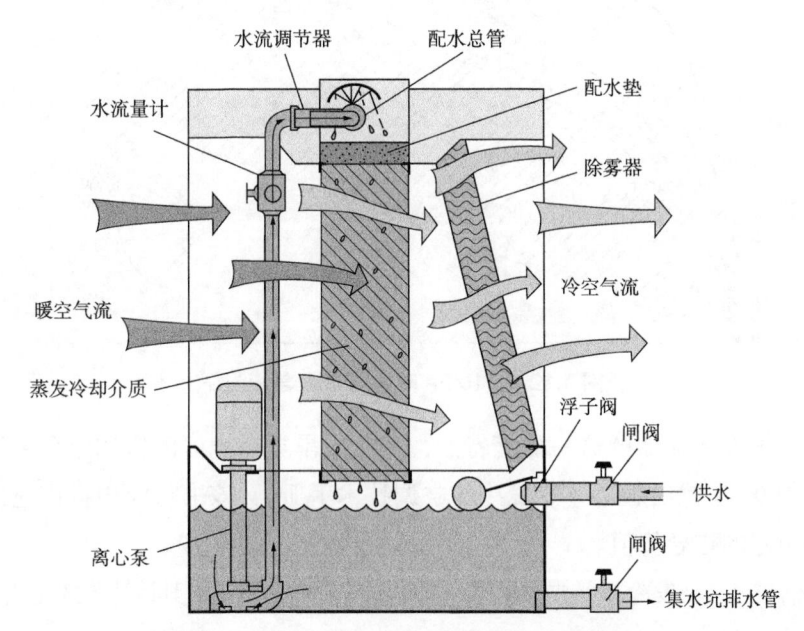

图 4.11 湿膜介质式蒸发冷却器的结构原理图

湿膜介质式蒸发冷却器的工作原理是：利用水在自然蒸发时，即水从液相变成气相时能吸收 2400kJ/kg 左右热量的内能转换原理，在燃机进气道内设计一组蜂窝状湿膜，用水把湿膜浇湿，让比较干燥的空气透过一层比较厚的湿膜，这时空气的相对湿度会增加，干球温度 T_a 就能比较接近当地环境下的湿球温度 T_w，从而达到了进气降温加湿的作用。湿空气的焓—湿图如图 4.12 所示。

图 4.12 表明，如果湿空气的干球温度 T_a=40℃，相对湿度 ϕ=10%RH，它对应的焓 h_1=52.09kJ/kg（干空气），空气的含湿量 d_1=4.62g/kg（干空气），湿球温度 T_w=18.3℃。如果把空气加湿到 ϕ=90%RH，焓值 h 不变，湿空气的干球温度 T_a=19℃，湿空气的焓 h_2=52.09，含湿量 d_2=13g/kg（干空气）。就是说，只要给空气加湿，完全蒸发掉 13g/kg（干空气）–4.62g/kg（干空气）=8.38g 水，空气的干球温度能够降低 40℃ –19℃ =21℃。

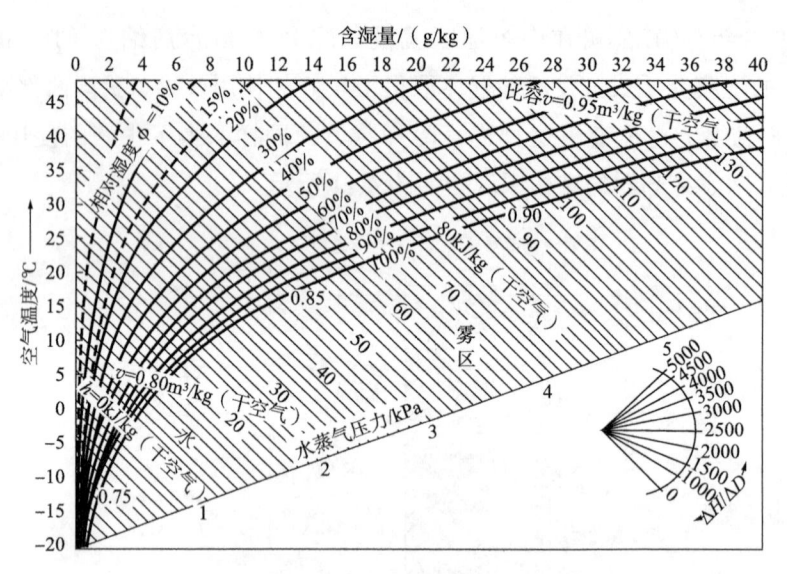

图 4.12　0.1MPa 时湿空气的焓—湿图

由于蒸发冷却器的这一显著特点，其在干旱炎热地区的应用十分普遍。美国早在 1997 年就出版了《蒸发冷却空调技术手册》，该书对业内推广应用该项技术有很好的指导价值。

评估或考核蒸发冷却器技术指标，常用蒸发效率 η 表示，其计算公式见式（4.1）。

$$\eta = \frac{T_{1D} - T_{2D}}{T_{1D} - T_{1W}} \tag{4.1}$$

式中　T_{1D}——蒸发冷却器进口干球温度，℃；

　　　T_{2D}——蒸发冷却器出口干球温度，℃；

　　　T_{1W}——蒸发冷却器进口湿球温度，℃；

　　　η——蒸发效率，%。

湿膜介质式蒸发冷却器的蒸发效率：η=75%~80%，进气损失大于 350Pa。

空气冷却技术是一项十分古老而成熟的技术，它有不同的制冷原理和方法。按制冷过程空气含湿量的变化，可以将空气冷却技术分为等湿冷却法（或称间接冷却法）和等焓冷却法（或称直接冷却法）两大类。根据冷源的不同，等湿冷却法又有蒸汽制冷法、氨压缩制冷法、溴化锂制冷法等方法；等焓冷却法又有湿膜介质式蒸发冷却器、直喷式蒸发冷却器和直喷式蒸发冷却器 + 气水分离三种基本形式。

由于燃气轮机的进气冷却技术并不完全等同于常规的空气降温技术，它受燃气轮机进气系统的多项特殊要求的限制，国内燃气轮机进气冷却成功的案例并不多。有的进气冷却装置还是完全由国外知名大公司设计配套，国内有不下10台设计配套的燃气轮机的进气冷却装置几乎连一天也没能投运。

有一份公开发表的研究报告称：经过研究分析，如果采用等湿冷却法对一台9F机组进行进气冷却，投资2000万元还是有经济效益的。但是如果没有搞清楚燃气轮机进气冷却的关键技术，这2000万元的投资可能也是无用功。

4.7　燃气轮机进气滤芯标准不完善

进气滤芯是燃气轮机用户的常耗件，不仅占有一定的运营成本，而且直接关系到燃气轮机的使用寿命和运行的安全。为保证产品质量，许多燃气轮机用户一直采用进口滤芯，即使采用国产化的进气滤芯，其滤材（俗称滤纸）也是坚持采用进口滤纸。

API 616—2022标准已明确规定，仍然是依据EN 779—2012标准来检测燃气轮机进气滤芯的过滤精度和流量/压差特性。由于EN 779—2012《一般通风用空气过滤器　过滤性能的测定》的内容与燃气轮机常用的空气过滤器在技术上的要求有一定的区别，而且许多滤芯供应商只提供自检自测的报告，其内容和格式与EN 779—2012标准的要求差别很大，这就导致了下列问题的发生。

（1）某国际知名品牌的进口滤芯，经常发生滤芯掉端盖板的质量事故，如图4.13所示。

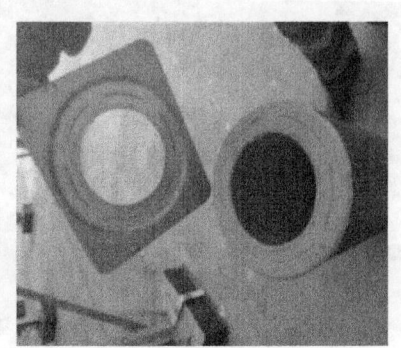

（a）脱落的下盖板　　　　　　（b）脱落的上盖板

图4.13　脉冲反冲洗时脱落的滤芯端盖板

这个问题不解决，很难保证不会发生如图 2.8 所示的意外事故。

（2）北京某燃气轮机热电厂，在如图 4.10 所示的进气设备上做滤芯挂机试验，机组运行不到半年，发现两台机组的进气压降不升反降，如图 4.14 所示。

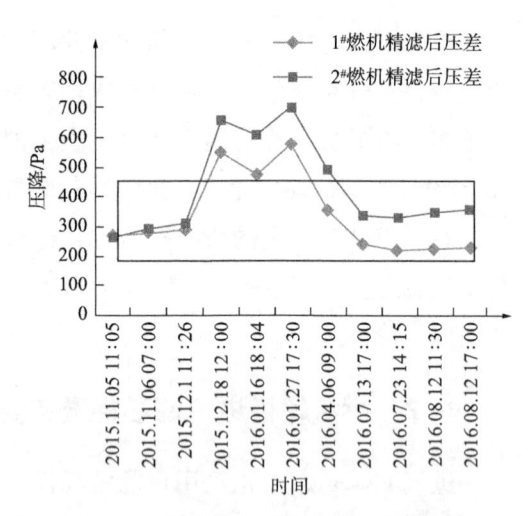

1# 和 2# 精滤都是知名品牌的 F9（EN 779—2012）滤芯，初始压降小于 300Pa，安装后的压差显示与厂商提供的自检报告基本相符。但使用半年后，进气压降都是只降不升，1# 精滤甚至下降到 84Pa，它们的两条压降变化曲线与理论和实际都不相符。GMRC 和 SWRI 在《燃气轮机进气过滤系统指南—2010》中认为，脉冲反冲洗的过滤器压差变化曲线应该如图 4.15 所示。

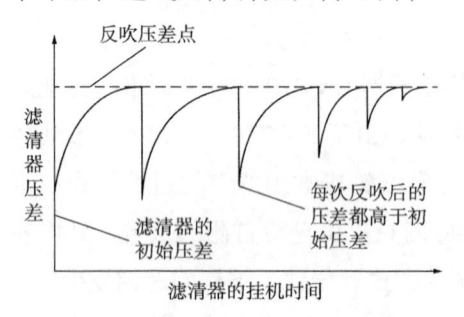

燃气轮机用户同时发现水洗周期越来越短，压气机入口很脏，如图 4.16 所示。

图 4.14 两种滤芯的压降均呈下降趋势

图 4.15 脉冲反冲洗的过滤器压差变化曲线

（a）1# 压气机入口　　　（b）2# 压气机入口

图 4.16 两台压气机的入口都很脏

把进气滤芯送第三方检测，发现这两款滤芯的过滤精度已由原来的 F9 下降到 M6 和 F7。其原因为进气滤芯选择不当——滤材的"耐破度"不够，它们都不适合用于脉冲反冲洗，经过几次脉冲反冲洗后，滤材的纤维结构已经被破坏。

某团体标准规定：在经过 15 次脉冲反冲洗后，滤芯的过滤效率不应小于同等试验风量条件下初始效率的 90%。该团体标准把初始效率下降分为 FCA、FCB、FCC 三个等级，最大允许初始效率下降 50%。但图 4.15 已经揭示了脉冲反冲洗后进气压降的变化规律，脉冲反冲洗滤芯在使用寿命期内要经受数百上千次脉冲反冲洗，绝不允许滤芯的过滤效率下降。

根据 API 616—2022《石油、化工和天然气工业用燃气轮机》规定：燃气轮机进气滤芯的选择和测定可以参考 EN 779—2012 和 EN 1822—2019。EN 779—2012 和 EN 1822—2019 分别是《一般通风用空气过滤器 过滤性能的测定》和《高效颗粒空气过滤器》，其内容虽然非常详尽且严谨，但是它们没有提及用于脉冲反冲洗空气过滤器必不可少的关于"耐破度"和"透气度"的要求及其测定方法，也没有滤芯端盖板黏结强度的要求和测定方法。很显然，EN 779—2012《一般通风用空气过滤器 过滤性能的测定》和 EN 1822—2019《高效颗粒空气过滤器》并不完全适合于燃气轮机空气过滤器的标准及其性能测定。

任何用气设备或设施对空气净化的程度都有不同的要求。为此，世界各国关于空气过滤器的标准有多种，以适应各种不同用气设备或设施的需要。我国不仅有 ISO 5011∶2020《内燃机和压缩机的空气进气清洁设备性能试验》、GB/T 14295—2019《空气过滤器》等标准，内燃机行业还有 JB/T 9755.5—2013《内燃机 空气滤清器 第 5 部分：性能试验方法》、QC/T 32—2017《汽车用空气滤清器试验方法》等行业标准。燃气轮机虽然也是内燃机的一种，但目前国内外还没有关于燃气轮机空气过滤器的相关标准。因此，我国或业内应该尽快制订燃气轮机空气过滤器以及其他进气系统相关的标准。

第 5 章　燃气轮机进气过滤器的选择

燃气轮机进气过滤器常见的基本形式有静态、动态、单级、多级等，或者是动态＋静态的组合。燃气轮机进气系统目前以动态＋静态组合最为常见。

5.1　动态卧式过滤器

它具有体积相对较小、易实现 2~3 级布置等优点。但是，在脉冲反冲洗时，动态卧式过滤器的上层滤芯的排灰在重力和吸力的双重作用下，会被下层的滤芯所吸收，这会大大地降低脉冲反冲洗的效果。如果不做吸尘排灰设计，滤芯使用寿命必然很短。如果机组进气量小，滤芯个数少，一般也适合在气候干燥的地区为中小机组配套使用。动态卧式过滤器如图 5.1 所示。

在雨雪较多的地区，动态卧式过滤器必须带雨棚，但应该从燃气轮机进气系统上部进气，同时还必须在燃气轮机进气系统的底部配备进气流量不小于 10% 的抽气排尘风机。这种进气系统在西部沙漠边缘地区的某燃气轮机电厂为 6F 机组配套，进气滤芯使用寿命也达到 8000h 以上（图 5.2）。

图 5.1　动态卧式过滤器
不带雨棚（仅限干燥地区小机组）

图 5.2　带雨棚的动态卧式过滤器
需从进气系统底部抽风排尘

第 5 章 | 燃气轮机进气过滤器的选择

为了增加排灰效果，有进气系统制造商在每排卧式滤芯的下方都设计排尘风机（图 5.3）。

按照这种设计，滤芯的自清排尘效果很好，滤芯的使用寿命也很长。例如，某燃气轮机用户是洪泽湖边某焦化厂，厂区内的空气湿度很大，空气质量也很差。采用这种设计的一级脉冲自洁式空气过滤器，滤芯使用寿命也大于 8000h。虽然这种设计的使用效果不错，但设备初始投资较大，运行成本也较高。

图 5.3 每排滤芯下都设有排尘风机

目前国内许多燃气轮机电厂都配套使用如图 5.4 所示的动态卧式过滤器。据表 4.1 的统计，在华东、华北地区，这种二级卧式自清式过滤器滤芯的平均使用寿命为 1900~5500h，略大于静态滤芯的使用寿命，远远小于厂商承诺的 8000h。这不仅增加了用户的生产成本，也降低了机组的运行时率，还给众多燃气轮机用户带来许多困难和烦恼。

某燃气轮机电厂因为进气系统不到 2000h 就要停机更换一次滤芯，每台机组有 700 对滤芯，这就直接影响到许多重要供暖用户的正常供暖，被列为市级 2014 年重大技改项目。该厂 2 台 9FA 机组进气系统是配套的国际著名进气供应商的 A040GDXTM 卧式自清式过滤器，它的外形和结构原理图如图 5.4 所示。

A040GDXTM 卧式自清式过滤器由 7 组过滤房组成，每组过滤房装有 100 只组合式水平卧置的滤芯，上下高 12m，共 25 排，在进气系统脏空气段和漏斗内几乎看不到被反吹出来的灰尘。

经分析，脉冲反冲洗时，每套滤芯瞬间反吹出来的积灰在灰尘重力和滤芯吸力的双重用下，被自身和下排的滤芯所吸收；雨棚内的气流速度是水平方向，加之反吹的时间又极短，约为 0.1s，所以它不可能迫使反吹出来的积灰方向改变 90°，再垂直向下，是不可能下落到 12m 以下的漏斗内。

(a) 外形图　　　　　　　　　(b) 结构原理图

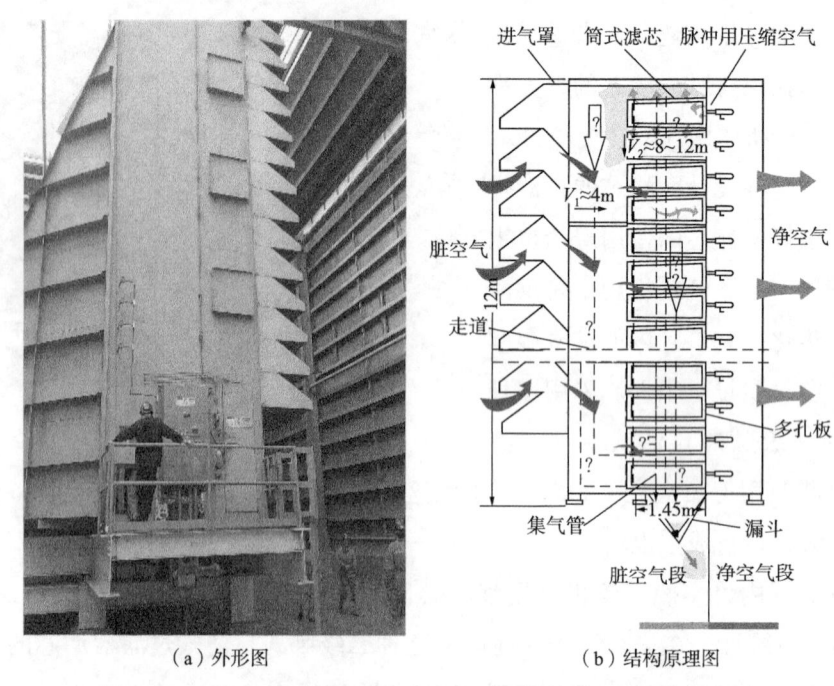

图 5.4　9FA/A040GDXTM 卧式进气过滤器的外形和结构原理图

一套滤芯的理论存灰量应不大于 2×2.0 kg/套，共 700 套，理论存灰总量为 2800kg。假如电厂周围的空气质量很好，含尘量小于 1ppm，该机进气系统每小时要拦截 2.25kg 的空气污染物，即运行 1245h，滤芯会积满允许的最大存灰量，造成进气压损升高至允许值。若一次反清洗有 90% 的灰尘被反吹掉，也应该有 2.52t 左右的灰尘被排出。实际上，从漏斗到平台，人们却见不到任何有排灰的痕迹。反吹出来的积灰被反复地排出→吸收→再排出。人们普遍反映，下层滤芯比上层滤芯的使用时间更短，常常把上下层滤芯调换使用，以尽量延长其使用寿命。此情况也证明这种过滤器的设计或选型不当。

设备供货商认为是北京空气质量差，这种过滤器的设计不适合北京的特殊天气条件，要把 700 对滤芯扩容到 900 对，由于并没有找到滤芯使用寿命短的根本原因，扩容后的效果并不显著。这是由于设备选型不当，造成"动态"没有自清洗效果，只能把"动态"当"静态"用，滤芯的寿命与静态过滤器差不多。要提高精滤滤芯的使用寿命，只有在精滤前增加一级"预过滤"。经过改良后，精滤的使用寿命提高到 5000~5500h。

某公司针对 9FA/A040GDXTM 的设计缺陷做了局部设计改进，即在集灰箱增加了功率强大的吸尘风机，但改造效果也十分有限，其原理图如图 5.5 所示。

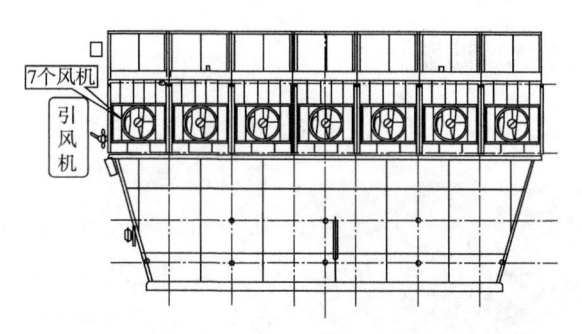

图 5.5 改造后的带吸尘风机的卧式空气过滤器

许多公司把一级卧式动态过滤器改成了 2~3 级卧式静态+动态过滤器，滤芯使用寿命由此增加到 5500h 左右，经过改造后的卧式一级动态过滤器如图 5.6 所示。

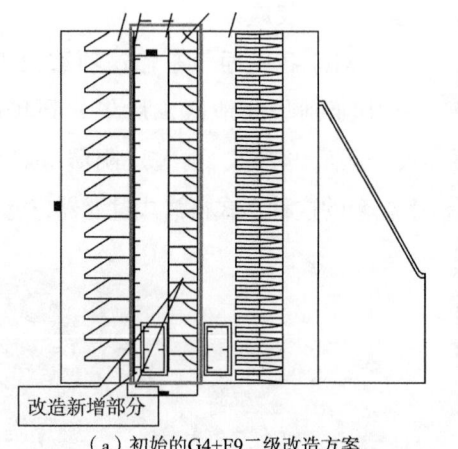

（a）初始的G4+F9二级改造方案　　　　（b）后来的G4+M6+F9三级过滤改造方案

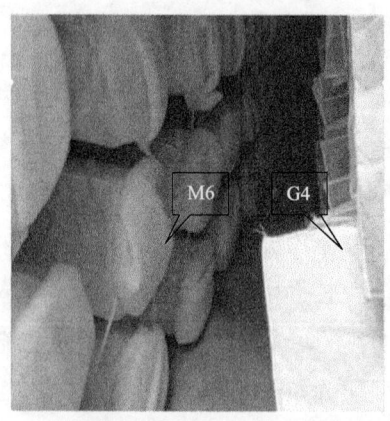

图 5.6 经过改造后的卧式一级动态过滤器

很显然，这种后期改造不仅很麻烦，而且增加了许多燃气轮机用户的生产成本。以北京某用户为例，两台机组的进气改造花了近千万元，超过了新购一台进气过滤系统的价格。

因此，对于不带吸尘排灰系统的卧式自清式空气过滤器，其滤芯使用寿命只能是略优于静态过滤器，不会有任何自清洗效果。在空气质量较差的地区或带基本负荷的机组，不能选用这种形式的空气过滤器，除非重复投资，增加1~2级预过滤，否则运行成本很高。

5.2 动态立式过滤器

唐纳森（Donaldson）公司为同样的9FA燃气轮机配套了另一种立式自清式过滤器，如图5.7所示，这是一种在国外普遍采用的标准配置。

该型过滤器滤芯全部是垂直立式吊装，自清排灰时，尘埃靠重力自由落下，各滤芯之间基本互不干扰，所以自清效果很好，滤芯使用寿命也长许多。该过滤器的过滤房为组合式结构，运输安装都很方便，能节约不少运输和安装成本。

图5.7 TTDOO-9002立式自清式空气过滤器

对于我国西气东输这项重大工程，从中亚到华北地区，从华北到华南地区，途经约7500km，经历了干旱、炎热、沙暴、雾霾、雨雪、阴湿等各种恶劣气候环境。但是，300多台在用燃压机组配套的这种立式自清式过滤器，滤芯平均使用寿命均大于8000h，可以说，在西气东输工程中，这种过滤器的使用是一个明显的可靠例证。这种进气系统的典型配置如图5.8所示。

国内大量采用如图5.4所示的动态卧式燃气轮机进气系统，供应商大都是来自美国的同一个公司。但是，在该公司的产品手册中，有95%以上都

图5.8 国产UGT2500进气系统

是适合于大、中、小机组的TTDOO系列的各式各样的动态立式空气过滤器，在世界各地被大量采用，其中有干旱炎热的中东地区，也有欧美的沿海潮湿地区。

这些地区的空气质量与我国东部地区差不多。在某公司的TTDOO产品手

册中，燃气轮机进气系统的多种型号如图 5.9 所示。

沙特阿拉伯12台TTDOO-4019过滤器，每个过滤器的过滤量为30000cfm❶，为燃气轮机燃烧和通风空气提供过滤空气。

比利时4个TTDOO-3029过滤器，每个过滤器的过滤量为12000cfm，为燃气轮机压缩机组提供空气过滤。

（a）小机组单层布置

沙特阿拉伯目前正在一台燃气轮机发电组上测试安装TTDOO-9004过滤器，该发电机的空气流量为280000cfm。

加拿大阿尔伯塔省TTDOO-7028过滤器，在气体压缩机上提供137000cfm的过滤空气。

（b）大机组多层组合式布置

图 5.9　某公司的 TTDOO 产品手册

对于中国石油天然气集团有限公司、中国海洋石油集团有限公司和国家石油天然气管网有限公司，大都选择一级立式动态过滤器，其滤芯使用寿命为6000~8000h；而其他行业大都选择1~2级静态+动态卧式过滤器，其滤芯使用寿命见表4.1，一般仅为1900~5500h，二者相差太大；如果再参考图 5.3 的案例，这个问题很值得有关方认真研究。

---

❶ 1cfm≈1.7m³/h。

第 6 章　进气系统设计选型要点

燃气轮机进气系统设计选型的首要原则是保证燃气轮机安全可靠地运行，同时要考虑全寿命周期内的经济性，尽量做到 LCC（全寿命周期费用）最低。要根据机组的运行方式，以及用户所在地空气的污染情况、空气中含尘的组分、大气的温湿度等来选择进气系统的形式和配置。基于第 4 章的内容，应从以下 3 个方面综合考虑进气系统的设计选型。

6.1　适用性原则

这是燃气轮机进气过滤器的选型原则之一，具体见表 6.1。

表 6.1　过滤器选型的适用性原则

形式	静态	动态卧式过滤器	动态立式过滤器
优点	(1) 能方便地组合成 2~3 级过滤器，过滤精度可以做到很高； (2) 体积最小，造价最低	(1) 能较方便地组合成 1~2 级过滤器，以适应不同需要； (2) 体积较小，造价低	(1) 自清效果最好； (2) 滤芯使用寿命长，性价比高； (3) 组合式设计，安装运输方便
缺点	(1) 滤芯使用寿命最短； (2) 需要停机更换滤芯，机组运行时率低； (3) 进气压降大，功率损失大，燃耗高	(1) 带排尘风机，滤芯使用寿命较长，造价和运行费用高； (2) 不带抽风排尘风机，自清效果基本同静态过滤器	(1) 体积略大，造价略高； (2) 加工制造难度较大，制造质量不好会造成部分滤芯密封失效
适用场合	(1) 年运行时间小于 500h 的备用机组； (2) 适用于空气特别干净的地区	(1) 年运行时间小于 3000h 的调峰机组； (2) 适用于空间位置有严格限制的机组	适用于各种气象条件下运行的机组
其他事项	(1) 高寒高湿地区应配防冰防湿系统； (2) 含盐地区应设除盐系统； (3) 高温干燥地区宜配进气蒸发冷却系统，暂时不配的宜留出安装蒸发冷却器的位置		

6.2 经济成本原则

这是燃气轮机进气过滤器的选型原则之二，燃气轮机进气过滤系统中 LCC 分析的费用内容总览见表 6.2。

表 6.2 燃气轮机进气过滤系统中 LCC 分析的费用内容总览

属类	费用内容	费用来源	费用发生时间
系统的购买	系统的初始价格	滤芯制造商或燃气轮机承包商	第一年
维护	（1）滤芯更换； （2）滤芯废置处理； （3）辅助系统的维护	（1）滤芯制造商经验值，需要计算； （2）人工费用，维护导致的停产损失	连续发生，根据维护活动的频率
有效性	包括燃气轮机连续运行时产生的费用	基于停机时间要求的运行时间期望，系统可靠性的经验值	每年
燃气轮机老化	由于老化造成的能量损失（可恢复的和不可恢复的）；老化造成的燃料费用增加	需要计算能耗损失和燃料使用量增加产生的费用	每年
压气机水洗	（1）水洗有关费用和停机损失； （2）水洗计划中的燃气轮机运行性能	（1）停机时间预估（根据燃气轮机制造商的经验）； （2）需要计算由停机造成的产出损失，包括可预见的燃气轮机老化推算	连续发生，根据计划的水洗频率
压降	（1）由过滤系统压降造成的能量损失； （2）由过滤系统压降造成的额外燃料费用损失	需要计算燃气轮机能量损失和燃料费用损失	连续发生，根据过滤器的寿命预期或清洗间隔
损坏或其他事件	（1）需要用新材料或对新设备进行更换或维护的费用； （2）由维修或更换设备产生的费用和停机造成的其他损失	维修或更换损坏件的费用评估；所需的服务费用（如吊机），旧设备的废置处理和人工费用，停机费用	根据经验对损坏或停机事件的发生时间进行推测

6.3 设计选型总则

进气系统设计选型的总则主要包括以下 12 个方面。

（1）进气系统应该尽量采用一级动态立式过滤器，许多地区的过滤器都可以达到 F9 级过滤精度；

（2）进气系统设计的压降是从大气至燃气轮机进气口稳流室的总压降，包括进气雨棚、进气加热或冷却装置（如果有的话）、风道和进气消音器等所有装置的结构阻力：一级 IPD＜750Pa；二级 IPD＜1200Pa，IPD=1300Pa 报警，IPD=1500~2000Pa 停机（在 2000Pa 内可调）；

（3）在任何地区，进气含盐量都应该小于 0.0015ppm；

（4）对于不需要除盐的进气系统，过滤器的过滤精度应为 F7—F9（EN 779—2012）；

（5）对于需要除盐的进气系统，宜采用"进气加热 + F7—F9（动态或静态）+ E11—E12（静态）"的二级过滤器组合；

（6）受进气滤芯容尘量的限制，静态空气过滤器仅适合于在年运行小时数小于 500h（备用发电机组）或空气特别清洁的地区使用；

（7）滤芯滤材目前只能采用进口材料，应附有完整的材料证明；

（8）滤芯应该附有权威部门颁发的第三方测试报告；

（9）对于端盖板吊装式滤芯，应该抽样做不小于 4000N 的拉力试验；

（10）在阴湿且雾霾频发的地区，应配有进气加热的滤芯防冰防湿装置；

（11）要把节能环保的政策要求放在进气设计选型的考虑之中，在平均相对湿度小于 50% 的地区，宜设计配套带喷雾蒸发冷却器的进气降温加湿装置，暂时不配套的，设计时也应预留出可能安装的空间位置；

（12）尽早制订适合燃气机进气系统的相关行业标准，按标准进行设计、选型和采购。

第 7 章　用户的责任和权力

用户的责任和权力主要包括以下 6 个方面。

（1）用户应首先对当地的空气质量进行检测，检测报告是作为燃气轮机供货商和设计单位设计配套燃气轮机进气系统的技术依据。

（2）用户有权依据表 6.1、表 6.2 的选型原则，与设计单位和燃气轮机供应商共同对燃气轮机进气系统进行全面的技术/经济评估，选择合适的燃气轮机进气系统，不应出现强买强卖，以此作为责任担保的附加条件之一。

（3）用户有权决定采用任意厂商、质量经过实践证明、完全符合燃机进气要求、价格最合理的燃机进气系统和进气滤芯。

（4）用户有权要求滤芯供应商提供由业内认可的第三方提供的滤芯检测报告。

（5）用户有权对进气系统的供货质量和安装质量进行检查验收，质量不合格的应该退货，造成经济损失的应该赔偿。

（6）用户应该优先考虑进气系统国产化或本土化。

第8章 进气系统相关技术

燃气轮机进气系统不仅要根据各地的气候条件和空气污染程度设计和选择合适的空气净化装置，还要根据 API 616—2022 最新标准，设计或配套合适的进气除盐装置、进气防冰装置、进气防湿装置和进气冷却加湿装置。根据多年的研究和实践，业内在进气除盐技术、进气防冰防湿技术和进气加湿降温技术上还存在不少误区或盲区，有些理论和设计与实际不符，有些标准还存在明显的错误。

8.1 进气除盐技术

燃气轮机进气除盐技术首先始于海军，从 1947 年英国皇家海军在 MGB 2009 高速炮艇上采用 Gatyoliek 燃气轮机作为动力以来，舰用燃气轮机遇到的首要问题就是如何进气除盐。随着我国海军大量装备国产化 CGT 25000 燃气轮机，英国皇家海军和我国船舶研究设计院针对海洋平台和舰艇的特殊情况，对舰用燃气轮机进气系统进行了长期且深入的研究。关于燃气轮机进气除盐，这次在 API 616—2022（第六版）中的 E 章提出了明确的要求。关于海平面空气中的含盐量，有许多研究资料可供参考。英国国家燃机研究院在某海洋环境下对海平面上空空气中所含氯化钠等盐分浓度测试报告见表 8.1。

表 8.1 不同风速下某海洋环境所含氯化钠等盐分的浓度的测试报告

海况/级	4~5	6	7
风级	5~6	7~8	8~9
风速/(m/s)	10.3	15.45	20.6
平均波高/m	1.52	4.26	8.52
最高波高/m	3.04	8.52	17.66

续表

颗粒直径 / 浓度 μm	空气中盐分的摩尔分数 / ppm	含盐分的雾滴颗粒的质量占比 /%	空气中盐分的摩尔分数 / ppm	含盐分的雾滴颗粒的质量占比 /%	空气中盐分的摩尔分数 / ppm	含盐分的雾滴颗粒的质量占比 /%
<2	0.0038	1.4	0.0038	0.1	0.0038	0.007
2~4	0.0122	4.6	0.0212	0.6	0.0377	0.07
4~6	0.0286	10.9	0.1404	3.9	0.5585	1.123
6~8	0.0364	13.8	0.3060	8.5	1.9000	3.8
8~10	0.0364	14.2	0.4320	12.0	3.5000	7.0
10~13	0.0416	15.8	0.6480	18.0	8.0000	16.0
>13	0.1040	39.3	2.0486	56.9	36.0000	72.0
总计	0.2630	100	3.6000	100	50.0000	100

对于舰用燃气轮机进气除盐，传统的理论是：盐极易溶解于水，只要除水就能除盐，有时特意通过喷洒海水来稀释盐分，然后再用气水分离器来除去空气中的水分。除水的办法有旋风式、阻拦式、喷水稀释法、进气加热法等，或者是多种方式的组合。舰用燃气轮机进气除盐的典型设计方案如图 8.1 所示。

根据燃气轮机的进气要求来设计燃气轮机的进气除盐装置，既要有很好的除盐效果，又要使进气总压降尽量低、体积尽量小，还要使生产成本和运行成本尽量低，因此，这是一项特殊且具有挑战性的空气净化技术。

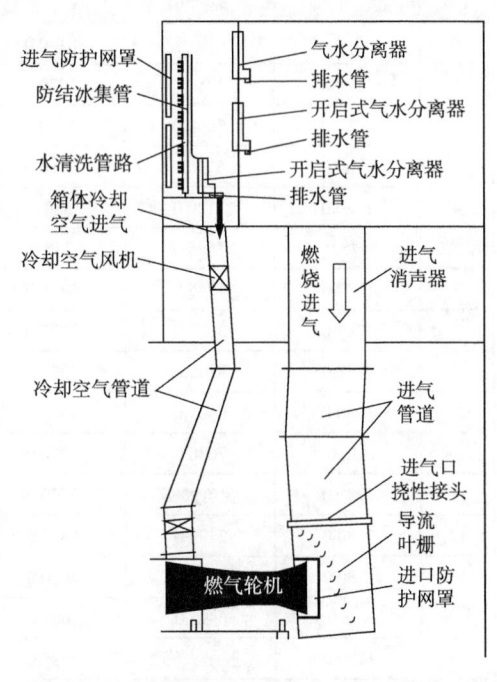

图 8.1 典型的舰用燃气轮机进气除盐系统

根据《轻型燃气轮机文集》，现代舰艇和海洋平台 98% 以上的动力都是燃气轮机。国内外传统的设计与图 8.1 大同小异，即除水→除盐→水稀释→二级除水除盐→三级除水除盐，有的甚至是四级除水除盐。由于受进气压降的限制，进气除盐含盐量一般只做到（K+Na）< 0.01ppm，这是许多国家舰艇及

海洋平台在用燃气轮机进气除盐的标准。这远远大于陆用燃气轮机的（K+Na）<0.0015ppm 的标准，所以舰用燃气轮机的使用寿命远远小于陆用燃气轮机。

据 1987 年的 ASME 87-GT-98 介绍，截至 2000 年，美国海军共订购了 400 台 LM2500 燃气轮机。该型陆用燃气轮机的使用寿命为 25000h，而在美国海军中的年平均使用时间是 1780h，平均使用寿命是 8100h，不足陆用燃气轮机的 40%。表 8.2 是美国海军公开提供的护卫舰和驱逐舰 LM2500 燃气轮机预定的大修时间表（节选）。

表 8.2 护卫舰和驱逐舰 LM2500 燃气轮机预定的大修时间表（节选）

序号	护卫舰 每年运行时间/h	护卫舰 累计运行时间/h	护卫舰 剩余时间/h	驱逐舰 每年运行时间/h	驱逐舰 累计运行时间/h	驱逐舰 剩余时间/h
0			8100.0			8100.0
1	1780.0	1780.0	6320.0	1220.4	1220.4	6879
2	1780.0	3560.0	4540.0	1220.4	2440.8	5659.2
3	1780.0	5340.0	2760.0	1220.4	3661.2	4438.8
4	1780.0	7120.0	980.0	1220.4	4881.6	3218.4
大修	445.0	7565.0	535.0	305.1	5186.7	2913.3
6	1780.0	1245.0	6850.0	1220.0	6407.1	1692.9
7	1780.0	3025.0	5075.0	1220.0	7627.5	472.5
8	1780.0	4805.0	3295.0	1220.0	舰艇大修	7352.0
9	1780.0	6585.0	1515.0	1220.0	1968.3	6131.7
大修	445.0	7030.0	1070.0	305.1	2273.4	5826.6
11	1780.0	舰艇大修	7390.0	1220.0	3493.8	4606.2
12	1780.0	2490.0	5610.0	1220.0	4714.2	3385.8
13	1780.0	6050.0	2050.0	1220.0	7155.0	945.0
大修	445.0	6495.0	1605.0	305.1	7460.1	639.9
15	1780.0	舰艇大修	7925.0	1220.0	舰艇大修	7519.5
16	1780.0	1995.0	6145.0	1220.0	1809.9	6299.1
大修	445.0	5960.0	2140.0	305.1	4546.8	3553.2
18	1780	7205.0	995.0	1220.0	2863.9	5246.1

为了提高舰用燃气轮机的使用寿命，我国某著名研究所在将某型航空发动机改为舰用燃气轮机时，为防止盐腐蚀，在核心机设计上做了以下两项重大努力：

（1）将原航空发动机的镁合金零件全部改掉，转子叶片采用镁合金；静子改用不锈钢，并加防腐涂层；涡轮高压1级、高压2级叶片与高压1级、低压1级、低压2级涡轮导向器叶片改成涂陶和渗铝；

（2）降低各工况的循环参数，使叶片工作温度低于硫化盐腐蚀的危险温度。

很显然，这种努力不仅会增加生产成本，而且有时会影响战舰的战斗力。

以LM2500燃气轮机为例，同类燃气轮机在我国陆地上的应用案例也很多，厂商推荐的大修期为25000~30000h（与工作环境和燃料性质有关），有不少实际运行结果与厂商推荐的大修期相符。但是，这与舰用燃气轮机的使用寿命相差太大，这种情况是否直接与进气除盐技术和除盐效果的不同有关系呢？

有资料表明，陆用燃气轮机的进气除盐技术也能让舰用燃气轮机的进气除盐效果达到小于0.0015ppm的水平。表4.5、表4.6与表8.1相比，一些陆用化工厂空气中的含盐量已经超过海况6级以上条件下空气中的含盐量，因此，这些陆用化工厂的进气除盐改造技术值得参考。

有研究资料显示，海上盐雾在相对湿度不同时，会自结晶成不同粒径的晶体悬浮在空气中，这给进气除盐技术指出了另一个途径。

空气净化技术本身是一项传统而比较成熟的技术，许多资料或经验完全可供参考。表8.3是普通空气污染物以及推荐的过滤器过滤等级，这为进气除盐技术的设计提供了重要的理论依据。

表8.3 普通空气污染物以及推荐的过滤器过滤等级

颗粒尺寸	EN滤芯等级	过滤的颗粒
粒径大于10μm的粗颗粒	G1	树叶、昆虫、沙粒、雾滴、水滴
	G2	
	G3	花粉、雾水、雨滴
	G4	
粒径大于1μm的粗颗粒	M5	孢子、水泥灰、沉降性尘灰、云雾
	M6	
粒径大于0.4μm的细颗粒	F7	炭黑、烟雾、油烟
	F8	
	F9	
粒径大于0.1μm的细微颗粒	H10	金属氧化物的烟雾、炭黑、盐雾、油烟
	H11	
	H12	气溶胶微颗粒、放射性气溶胶

针对某些集团公司极为恶劣的大气环境，进行深入细致的研究和试验。研究发现，盐粒虽然极易溶解于水，但大多数情况下，它们是吸附在尘埃中；当空气相对湿度小于（60~70）%RH 时，它们又会结晶成 0.1~0.4μm 以上的微粒悬浮在空气中。因此用"进气加热 + F7—F9 静态或动态过滤 1 器 + E11—E12 的静态过滤器"，不仅可以可靠地除去空气中的盐分，而且可以达到总含盐量小于 0.0015ppm 的技术要求。这种设计在某集团公司的首次尝试中取得了很好的效果。进气系统经过改造和后来设计配套的两种燃气轮机进气除盐装置外观如图 8.2 所示。

（a）T-60进气除盐装置　　（b）T-130进气除盐装置

图 8.2　两种国产燃气轮机陆上进气除盐装置

该用户室外的空气质量检测报告见表 4.5。它空气中的含盐量接近海况 6 级水平，而且发生过因为没有考虑进气除盐而损毁了 2 台燃气轮机的典型事故，这一案例在世界范围内也并不多见。进气系统经过除盐改造后，经过 SGS 公司在现场的再次检测，燃气轮机进气道中空气含盐量为 0.00093ppm（表 8.4）。

表 8.4　SGS 公司对某集团 4 台机组的进气除盐效果进行的现场测试的数据

无机分析 报告编号：SH/ENV11080282 客户参考：		实验室编号	11080282-01	11080282-02	11080282-03	11080282-04
^		机组编号	2# 机组	5# 机组	7# 机组	4# 机组
^		采样日期	2011/9/10	2011/9/10	2011/9/11	2011/9/11
^		采样时间	09：30—15：30	09：50—15：50	08：30—14：30	09：32—15：32
指标	方法	mg/m³	单位	空气	空气	空气	空气
Na	使用 ICP 质谱仪，按照 U.S.EPA 6020A 方法分析检测	5.84×10^{-6}	ppm	1.51×10^{-3}	6.55×10^{-5}	6.05×10^{-5}	6.46×10^{-5}
K	使用 ICP 质谱仪，按照 U.S.EPA 6020A 方法分析检测	3.45×10^{-6}	ppm	8.55×10^{-4}	9.08×10^{-4}	8.77×10^{-4}	8.70×10^{-4}

上述另一集团公司的燃机电厂也进行了同样的进气除盐改造，同样取得了很好的改造效果。该厂区空气含盐量见表 4.6，超过了海况 6 级水平。

SGS 公司检测的 4 台机组中，进气含盐总量并不完全一样，但是 K+Na=0.0093~0.0015ppm。对于小于 0.0001ppm 进气含盐量的测量，需要有特殊的测量方法。SGS 公司设计的进气含盐量测试装置的结果原理图如图 8.3 所示。一台机组的进气含盐量的测试要经过 5h 连续不间断的取样。

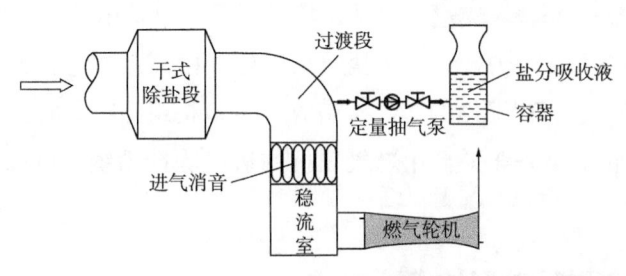

图 8.3　SGS 公司设计的进气除盐测量装置的结构原理图

SGS 的测试结果是真实可信的。在 4 台机组的干式除盐段中放置两个不同厂家、不同级别的高效滤芯，发现测量的结果也有差异——过滤精度高的一台机组的进气含盐量最低。该用户的进气系统经过除盐改造后，每台机组都达到了燃气轮机厂商推荐的大修周期 3×10^4h。

有一个特例也值得介绍。某集团公司设计配套了 4 台进气除盐装置，其中有一台机组紧靠该厂的凉水塔。从凉水塔漂过来的水汽打湿了进气过滤系统的首级 F7 滤芯，平时一直有水珠从进气系统的立柱上往下流。由于 F7 滤芯并不除盐，所以它并没有发生过湿堵；H12 滤芯是专为除盐设计的，H12 滤芯中可以见到拦截到的白色积盐。由于盐类遇水会膨胀，则发生了如图 4.15 所示的湿堵，巨大的膨胀力能把滤芯撑变形。后来在 F7 滤芯的入口处增加了一种湿膜气/水分离器，H12 滤芯就再也没有发生过湿堵。气/水分离器的除水效果很好，如图 8.4 所示。

这种湿膜气/水分离器不仅气水分离效果好，而且进气压降很低，压

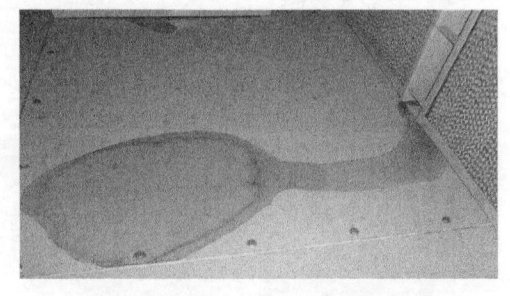

图 8.4　湿膜气/水分离器的使用效果

力损失小于60Pa，整个进气除盐系统的总进气压降小于1200Pa，与如图6.2所示的进气除盐技术相比，其具有明显的技术优势。这种进气除盐技术在国内焦化厂、盐碱滩和海边燃气轮机用户中已经有数十台成功运行的案例。

在离我国东海岸直线距离不足4km的某燃驱站，其进气系统也采用了该种进气除盐技术，除盐效果很好，由高效滤芯拦截的盐粒清晰可见，如图8.5所示。该燃驱站的2台SIMENSE-400机组已经安全运行了近10年。

图 8.5　高效滤芯拦截到的盐分

对于我国舰艇及海洋平台用燃气轮机的进气除盐系统，可以参考以上进气除盐技术。

8.2　进气防冰防湿技术

燃气轮机是以空气为工质，要求进气压降小于1300Pa，如果进气压降过大，机组将被迫停机。但是，在西气东输工程的投产初期，由两个世界知名燃气轮机制造商配套的燃气轮机进气系统，经常发生以下两种常见故障：

（1）进气滤芯常常发生严重的冰堵和湿堵，机组经常报警或被迫停机，机组配套的脉冲反冲洗系统根本清除不掉滤芯上的冰霜（图2.11和图2.12）。

（2）某机组经常发生防冰保护非正常停机，该公司一直找不到防冰保护非正常停机的原因。停机保护曲线如图8.6所示。

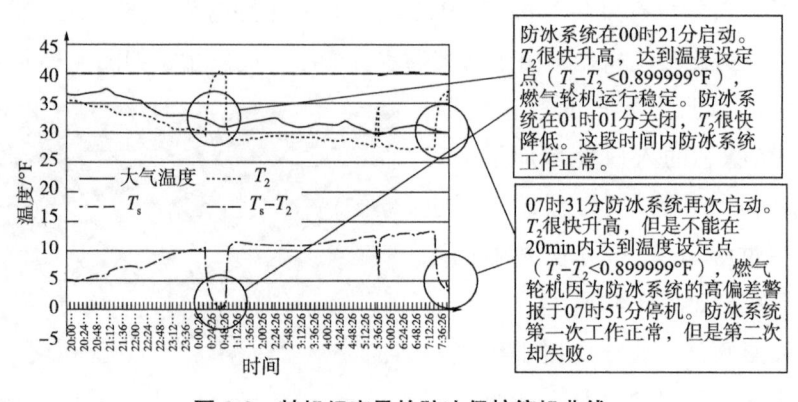

防冰系统在00时21分启动。T_2很快升高，达到温度设定点（$T_s-T_2<0.899999°F$），燃气轮机运行稳定。防冰系统在01时01分关闭，T_2很快降低。这段时间内防冰系统工作正常。

07时31分防冰系统再次启动。T_2很快升高，但是不能在20min内达到温度设定点（$T_s-T_2<0.899999°F$），燃气轮机因为防冰系统的高偏差警报于07时51分停机。防冰系统第一次工作正常，但是第二次却失败。

图 8.6　某机组实录的防冰保护停机曲线

该燃气轮机供应商在现场的数个燃驱站做了大量的调查研究，也录取了大量的资料，图 8.6 只是其中的一部分，厂商一直找不到防冰保护停机的原因，因此对如何排除故障也就束手无策，认为这都是按 GMRC 和 SWRI 的理论进行的进气防冰设计，通过大量测试，认为仪表和控制系统都没有问题，设计也没有问题。其实事情并非如此。

8.2.1 进气系统防冰防湿理论上的误区

事实证明，燃气轮机界在进气防冰防湿的理论和设计上存在不少误区和盲区，有些标准还存在明显的理论错误。

（1）误区 1。

燃气轮机界认为燃气轮机进气滤芯的结冰类似于北方的冰挂，用脉冲反冲洗可以清除掉滤芯上的冰霜，只有静态过滤器才需要加热进气以防止滤芯结冰。这不能解释图 2.11 和图 2.12 中的结冰现象，因为它们都带有脉冲反冲洗装置，但脉冲反冲洗装置根本清除不掉滤芯中的冰霜。

（2）误区 2。

所有燃气轮机的进气防冰加热装置都是安装在进气消音器之前（图 8.7），所以，燃机界认为只需关注消音器至进气喇叭口处的防冰。

实际上，对于装有 F7 以上进气滤芯的进气系统，这种设计根本没有必要，属于白白浪费能源。因为在我国许多高寒高湿地带，有不少最早使用燃气轮机的用户使用的燃气轮机都没有带进气防冰系统，也从来没有发生进气结冰的现象，遇到的问题只是进气滤芯结冰。

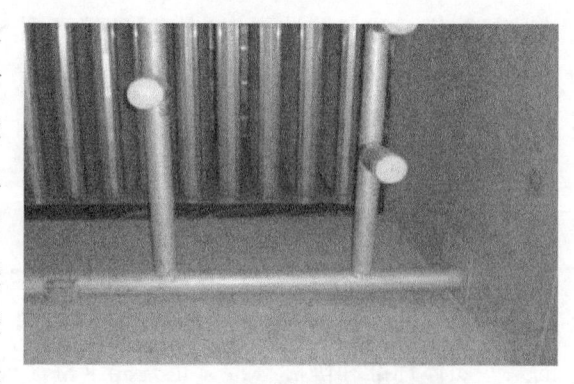

图 8.7　进气加热装置的典型设计

（3）误区 3。

燃气轮机界广泛流行的进气防冰控制曲线如图 8.8 所示。

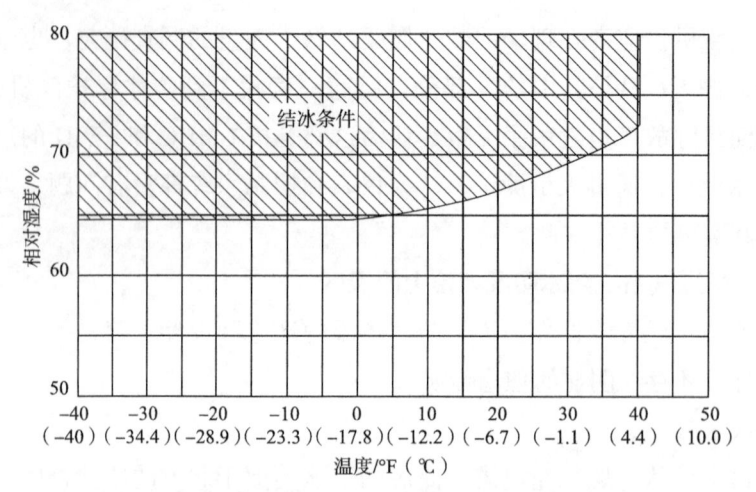

图 8.8 典型的燃气轮机进气防冰设计控制曲线

该曲线表明,只要燃气轮机进气温度 $T_a < 4.4℃$、相对湿度 $\phi > 67\%RH$,进气加热防冰系统就应该投入运行,进气加热温度最大为 5.6℃。第六版的 API 616—2022 标准又将其修改为当 $T_a < 5.0℃$、相对湿度 $\phi > 60\%RH$ 时,进气加热防冰系统就应该投入运行。

我国的 HB 7811—2006《燃气轮机成套设备进排气系统通用技术要求》标准中则规定:进气防冰要把进气温度提高到 5℃以上。这条规定显然存在理论上的错误。如果大气温度是 −5℃(也是进气最容易结冰的温度),要把进气温度提高 10℃,这要消耗双倍的能源,与业内现有的进气加热温度最大为 5.6℃也不相符。

(4)误区 4。

燃气轮机界普遍认为:只要滤芯的滤材能防水,进气滤芯就能防水,并以此为依据进行了不少研究和试验,结果如图 4.7 和图 4.8 所示。还有公开发布的某些团体标准和国际标准,也是完全持这种观点,并且还划分了滤材的防水等级。但是,这些试验和理论都不能解释图 2.15 和表 4.7 所反映的真实情况。

(5)误区 5。

包括 GMRC 和 SWRI 在内,认为用机械式气水分离器或者各种机械式气水分离器的组合可以除去空气中的水分,或者在进气系统喷洒防冻液,如图 2.17 和图 4.9 所示,认为这种设计可以达到防止进气滤芯湿堵的目的。

向进气系统喷洒防冻液并不是防止进气系统湿堵的好办法。这不仅大大增加了燃气轮机用户的运行成本，而且还要采取气/水分离装置，增加了燃气轮机的进气损失；任何机械式气水分离器都不可能100%除去空气中的水分，虽然分离级数越多，气水分离效率越好，但是进气损失也会越大；当"湿空气"的相对湿度相当大、进气压降达到一定程度时，进气温降会使湿空气本身产生大量的冷凝水，这种自然生成的冷凝水是根本分离不掉的。

气水分离器中空气的速度越大，气水分离效率越高，进气损失也越大。对于旋流式气水分离器，其气水分离效率与进气压力的关系曲线如图8.9所示。

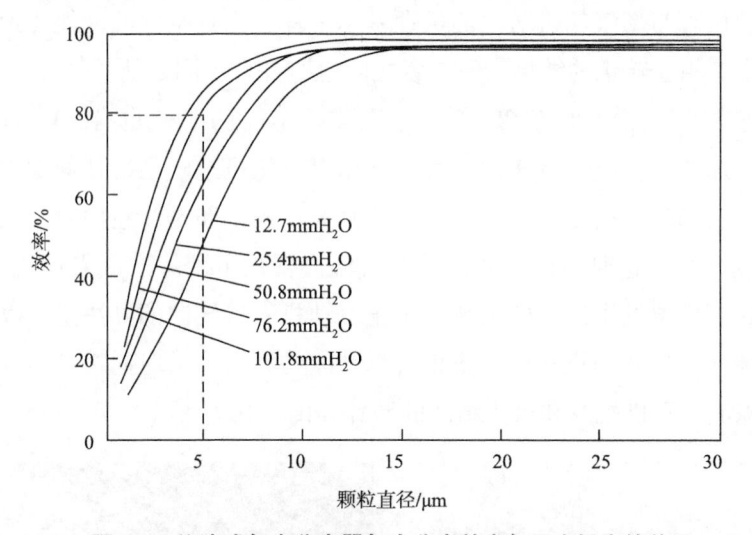

图8.9 旋流式气水分离器气水分离效率与压力损失的关系

对于旋风式气水分离器，要把5μm的水珠分离掉80%，进气压降要达到76.2mmH$_2$O（762Pa），这在燃机进气系统是很不合适的。

8.2.2 进气系统防冰防湿技术的新突破

飞机及航空发动机防冰装置是保障飞机安全飞行的极其重要的装置之一。民用航空已经有100多年的历史。在民航工业发展的过程中，设计制造飞机及航空发动机的防冰系统，人们已经积累了十分丰富且成熟的经验。尽管如此，飞机防冰系统的失效也给人们带来许多的惨痛教训，以下举几个我国公开的案例：

2004年11月21日，时值冬季。我国东方航空公司MU5210航班从包头起飞不久，因飞机防冰系统故障而使飞机坠毁，机上54人全部遇难，直接经济损失 1.8 亿元。据调查，飞机起飞前机翼就已经结冰，但未做除冰处理，这是一起责任事故。

2006 年 6 月 3 日，时值夏季。我国当时研制成功的空警 -200 在第二次试飞时飞行了 2h 左右，因防冰系统故障，飞机坠毁在安徽省广德县山区，造成了震惊国内外的"6.3"空难。我国牺牲了 34 名顶级军工专家，其中包括 2 名将军。据调查，这起空难是空警 -200 载运平台运 -8 飞机的防冰系统故障所造成。

燃气轮机和航空飞行器一样，其防冰装置都是十分重要的安全装置之一。飞机防冰的机理与燃气轮机防冰的机理基本一样，都是空气的动能（速度）与内能（温度）相互转化的结果，但二者之间也有许多不同之处。

飞机巡航时速为 600~850km/h，起飞或降落时的时速也有 100~200km/h。不计风向叠加速度，空气流速远远大于陆用燃气轮机进气系统任何部位的空气流速，进气温降的幅度更大；并且不论是刮风下雨，还是冰雹雨雪，飞机都要正常起降或飞行。这时飞机机体的外表气温会骤然下降，造成发动机进气道、机头、机翼等部位发生严重的结冰。防止发动机入口结冰的办法是从发动机压气机适时抽气喷向发动机入口，防止机翼结冰的办法是适时向机翼表面喷洒丙烯醇类防冻液。飞机机翼和机头结冰的照片如图 8.10 所示。

(a) 机翼结冰 　　　　　　　(b) 机头结冰

图 8.10　飞机机翼和机头结冰的照片

如果飞机的防冰系统失效，瞬间就会造成重大的空难。但是，陆用燃气轮机的防冰方法与飞机的防冰方法并不完全一样。虽然内因一样，但外因并不完全一样，所以两者的防冰设计和防冰方法也会不同。

第 8 章 | 进气系统相关技术

燃气轮机进气系统的进气滤芯发生冰堵或湿堵是某些地区的常见现象，这严重影响了某些特定地区燃气轮机用户的生产用电或生活用电。燃气轮机进气系统的滤芯发生冰堵或湿堵时的气候条件并非都是雨雪天气。只要空气的相对湿度较大，燃气轮机的进气滤芯就会发生冰堵和湿堵，见表 4.8，如果在这之前就事先更换新滤芯，这种现象也能避免。因此，燃气轮机的进气滤芯发生冰堵或湿堵的真正原因必须从理论上完全搞清楚。

人们发现，在深秋季节，即使是晴朗的天气，早晨的草地上有时也会有很多露水，这些水珠是从哪里来的呢？在初冬，即使是晴朗的早晨，地面的草地上有时也会有厚厚的冰霜，或者是树枝上挂满了冰挂。结成冰霜的水又是从哪里来的呢？此现象可以用工程热力学的原理解释：当相对湿度比较大、空气温度突然降低时，"湿空气"处于"等湿冷却"过程，湿空气中会有一部分水蒸气被冷凝成水珠，水珠靠重力自由落下，附在草地或树枝上。当气温大于 0℃时，草地或树枝上就有露水；当气温小于 0℃时，草地或树枝上就有冰霜。但是，精确计算什么条件下会发生水露或冰霜，以及水露或冰霜的量有多少，这些都是比较复杂的工程热力学计算。

经过 5 年多的研究和 10 多年的验证，从理论上搞清楚了进气滤芯发生冰堵或湿堵的真正原因，不仅解决了这个技术难题，而且在进气系统防冰防湿的研究上取得了多项理论突破和技术创新。

（1）创新 1。

滤芯中的冰霜不是滤芯拦住的空气中的冰雪，而是由滤芯的节流降温效应生成的冷凝水凝华而成的，冰霜深嵌在滤芯内部，靠脉冲反冲洗是清除不掉的。

根据工程热力学的理论，湿空气有多项物性参数。但是，只要确定了其中任何 3 项技术参数，其他任何一项物性参数就能计算出来，例如 $d=f(p_0、T_a、\phi)$，$\phi=f(p_0、T_a、d)$，$T_s=f(p_0、T_a、\phi)$，…，按照传统计算方法，这种物性参数的计算过程十分繁杂，耗时很长。如果没有数模的建立和计算机技术的应用，要进行快速计算和适时控制是几乎不可能的。借助当今的计算机及软件技术，这种计算就变得十分快捷而准确。例如，当地海拔为 0m（或压力为 0.101325MPa），空气的温度 $T_a=4.4℃$，相对湿度 $\phi=67\%RH$，将这 3 项物性参数输入一种计算软件，只要一点击"计算"，瞬间得到以下如图 8.11 所示的计算结果。

燃气轮机进气系统设计与选型

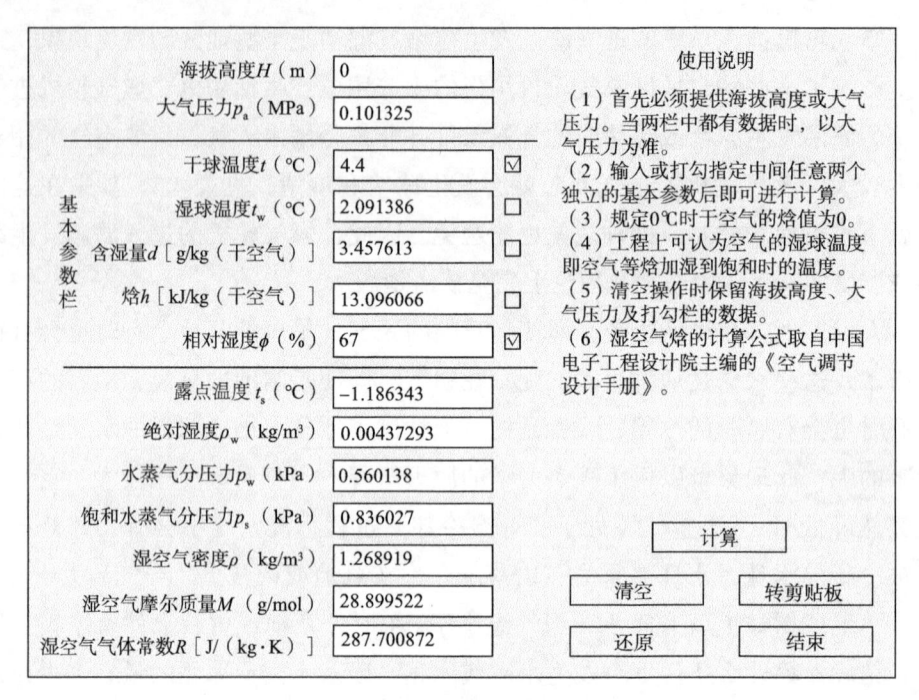

基本参数栏		
海拔高度 H（m）	0	
大气压力 p_a（MPa）	0.101325	
干球温度 t（℃）	4.4	☑
湿球温度 t_w（℃）	2.091386	☐
含湿量 d [g/kg（干空气）]	3.457613	☐
焓 h [kJ/kg（干空气）]	13.096066	☐
相对湿度 ϕ（%）	67	☑
露点温度 t_s（℃）	−1.186343	
绝对湿度 ρ_w（kg/m³）	0.00437293	
水蒸气分压力 p_w（kPa）	0.560138	
饱和水蒸气分压力 p_s（kPa）	0.836027	
湿空气密度 ρ（kg/m³）	1.268919	
湿空气摩尔质量 M（g/mol）	28.899522	
湿空气气体常数 R [J/(kg·K)]	287.700872	

使用说明
（1）首先必须提供海拔高度或大气压力。当两栏中都有数据时，以大气压力为准。
（2）输入或打勾指定中间任意两个独立的基本参数后即可进行计算。
（3）规定0℃时干空气的焓值为0。
（4）工程上可认为空气的湿球温度即空气等焓加湿到饱和时的温度。
（5）清空操作时保留海拔高度、大气压力及打勾栏的数据。
（6）湿空气焓的计算公式取自中国电子工程设计院主编的《空气调节设计手册》。

[计算] [清空] [转剪贴板] [还原] [结束]

图 8.11　某状态下湿空气的计算结果

当海拔为 0m，空气的温度 T_a=4.4℃，相对湿度 ϕ=67%RH，湿空气的露点温度 T_s=−1.186343℃，湿空气的密度 ρ=1.268919kg/m³，湿空气的含湿量 d=3.457613g/kg（干空气）。湿空气的干球温度 T_a 与露点温度 T_s 之差 ΔT=4.4℃ −（−1.186343℃）=5.586343℃≈5.6℃。这就是一些燃气轮机进气系统的防冰控制 T_a<4.4℃、相对湿度 ϕ>67%RH 时，进气加热防冰系统就应该投入运行，并且进气加热温度最大为 5.6℃ 的由来。

依据以上计算软件可以计算：当海拔为 0m（或压力为 0.101325MPa），空气的温度 T_a=0℃，相对湿度 ϕ=90%RH，湿空气的含湿量 d_1=3.393g/kg（干空气）；当空气骤降 2.5℃，湿空气的相对湿度 ϕ=100%，湿空气的含湿量 d_2=3.137g/kg（干空气），空气中会有 Δd=3.393g/kg（干空气）−3.137g/kg（干空气）=0.256g/kg（干空气）的冷凝水析出。如果燃气轮机的进气量是 80kg/s，进气系统 1min 析出的冷凝水为 1.23kg。

当进气滤芯中由于某种原因生成了冷凝水，冷凝水凝结成冰霜，这种冰霜嵌在滤芯内，靠脉冲反冲洗是清除不掉的。当相对湿度大于 90%RH 时，湿空气的干球温度 T_a 与露点温度 T_s 十分接近，有时两者仅差 0.5℃。当相对湿度等于 100%RH 时，$T_a=T_s$，微小的温度降都会导致在进气系统产生冷凝水，造成进气滤芯的冰堵或湿堵。这是进气系统防冰防湿设计计算的理论依据之一。

（2）创新 2。

根据工程热力学的理论，由于燃气轮机进气系统中的空气流动很快，可以把燃气轮机进气系统中空气的流动看成是一个绝热的变化过程。由于单位质量空气的总能不变，随着压力或流速的变化，它的内能（温度）和动能（速度）会不断地转化，它的热力变化等效图如图 8.12 所示。对应的 T_1、T_2、T_3 会随着进气的压力和流速的变化而变化。图 8.12 中的 T_3 相当于图 8.6 中的 T_2，限指消音器内的温度，T_4 限指进气喇叭口的温度。

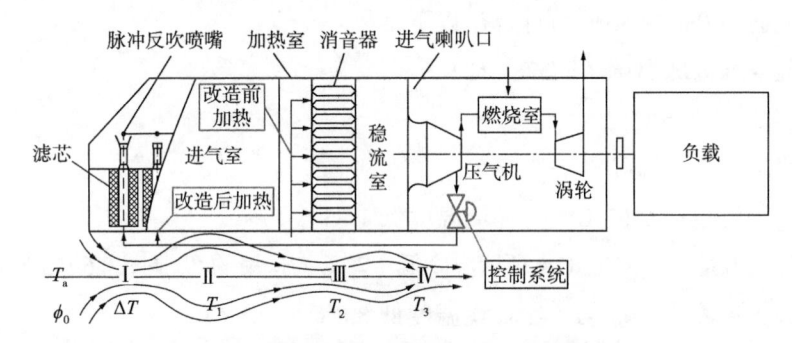

图 8.12　燃气轮机进气系统的热力变化等效图

根据工程热力学原理，进气系统有以下一系列关系：

$$\frac{T_2}{T_1} = \left(\frac{p_2}{p_1}\right)^{\frac{n-1}{n}} \tag{8.1}$$

$$T_1 - T_2 = \left(C_1^2 - C_2^2\right)/C_P \tag{8.2}$$

式中　C_P——空气的比热容，当下取值为 1004J/（kg·K）；

n——空气的多变指数，取值为 1.4；

C_1，C_2——进气系统某截面前后对应的流速，m/s；

p_1，p_2——进气滤芯外、内绝对压力，Pa；

T_1，T_2——进气系统某截面前后对应的温度，K。

如果海拔为 1500m，可以根据式（8.1）计算出滤芯在各种压降下的节流降温值（表 8.5）。

表 8.5　某气象条件下滤芯压降与温降的关系

Δp/Pa	100	200	300	400	500	600	700	800	900	1000
ΔT/℃	0.10	0.19	0.28	0.37	0.47	0.55	0.65	0.74	0.83	0.93

这也是通过更换新滤芯就可以有效避免滤芯发生冰堵或湿堵的原因。因为新滤芯的压降很小，一般压降 $\Delta p < 200$Pa，节流降温小于 0.2℃，这时不会产生冷凝水，也就不会形成冰堵或湿堵。

例如，某台燃气轮机在当地大气压为 84.5kPa（海拔为 1500m）处工作，干球温度 T_a=2℃，相对湿度 ϕ=95%；空气过滤器压差为 800Pa，风道内空气流速 C_2=8m/s，消音处空气流速 C_3=20m/s，喇叭口处空气流速 C_4=90m/s，滤芯前空气流速为 0m/s，由此可计算出以下结果：

①湿空气湿球温度 T_d=1.284℃；

②T_a-T_d=0.716℃；

③滤芯的节流温降 ΔT=0.74℃；

④T_2 处温度为 0.67℃（比环境温度低 1.33℃）；

⑤T_3 处温度为 0.27℃（比环境温度低 1.73℃，这里的 T_3 是图 8.6 中的 T_2）；

⑥T_4 处温度为 –6.8℃（比环境温度低 8.8℃）。

这种理论计算结果与实际比较吻合。

从图 8.6 可以直接看到：T_2 温度线比 T_a 温度线平均低 1.5℃左右，有时低 2.07℃。某台 GE/PGT25+ 机组实时采集的 T_a 与 T_2 处数值见表 8.6，采集的数值与理论计算值十分接近，因为 T_2 的实际值与海拔、气温、相对湿度和机组负荷等有关。

表 8.6　某机组实时采集的 T_a 与 T_2 处数值

T_a/℃	T_2/℃	出口压力 /（kgf/cm²）	温差 /℃
–3.319227428	–4.459153283	16.34855124	–1.139925856
–3.320049711	–4.543957178	16.35626285	–1.223907467
–3.283818561	–4.6287526	16.3491413	–1.344934039
–3.132180106	–4.685192106	16.3568572	–1.553012
–2.943585711	–4.754456417	16.36209698	–1.810870706
–3.314954972	–4.800221128	16.36055208	–1.485266156
–3.098347983	–4.81532415	16.36488423	–1.716976167
–2.976553178	–4.837999344	16.37489388	–1.861446167

续表

T_a/℃	T_2/℃	出口压力 / (kgf/cm²)	温差 /℃
-2.799784344	-4.891874528	16.37095439	-2.092090183
-2.855173744	-4.879290261	16.37173542	-2.024116517
-2.796567283	-5.004232194	16.36920566	-2.207664911
-3.132150439	-5.048875811	16.37235339	-1.916725372

滤芯后的温度 T_2 一直比进气温度 T_a 低 1.1~2.2℃。在特定的大气条件下，进气系统的滤芯、消音器和进气喇叭口这三处都会产生冷凝水，首先是进气滤芯发生冰堵或湿堵，因为此处只需很微小的温降就能生成冷凝水，从而形成冰堵或湿堵。

但是，实际情况并不是完全如此，有些情况比理论分析还要复杂得多，甚至与理论分析并不完全相符。以下从 3 个方面阐述实际情况与理论分析的差异所在。

①滤芯的压降是仪表指示的平均压降，T_2 记录的是滤芯后的真实温降。由于滤芯滤材的不均匀性和进气系统流场的不均匀性，有些滤芯的压差值会大于平均值，压降大，节流温降大，它可能首先形成冰堵或湿堵，见表 8.5。一旦有个别滤芯形成堵塞，就会形成一种恶性循环——压差越大，冷凝水越多，越容易造成进气滤芯堵塞，直至报警导致停机。

②陆用燃气轮机的进气系统都带有 F7 以上的空气过滤器，99.5% 以上的粒径大于 5μm 的固体和液体物质都不可能进入燃气轮机的进气系统。进气消音器和进气喇叭口处虽然具备结冰条件，但是此处的空气流速很高，冷凝水形成不了冰核，瞬时凝华形成的细微冰粒会与高速气流一道进入发动机，而不会造成危害。这也是许多在高寒高湿地区的燃气轮机进气系统不带进气防冰加热装置，也没有损坏过燃气轮机压气机的原因。

③通过上述计算可知，进气喇叭口处 T_4 温度比大气温度 T_a 低 8.8℃，完全具备进气结冰的条件，但防冰设计的加热温度并非以 T_4 为依据；同样，将防冰投运条件定为 T_a < 4.4℃、ϕ > 67%RH，最高加热温度为 5.6℃，这种设定并不科学合理。

北美阿拉斯加原油输送管道（TAPS）全长 1285km，初始阶段就装有 48 台燃压机组，它们大都安装在极地的原始森林中。特别是 Prudhoc Bya 位于阿拉斯加北坡，冬季漫长而寒冷，有 2 个月见不到太阳，气温常常低到 -50℃；碰到大雾天气，能见度小于3m。但是这里的空气十分清新，有的燃压机组进气系统配置的是不锈钢拦护网，只能拦住树叶和鸟类。护网的立柱上可以见到一层厚厚的冰霜。图2.14所示的情况是否和这种进气系统设计有关？此问题有待进一步研究。

综上所述，不论是静态过滤器还是动态过滤器，在需要进气防冰的地区，都应该安装进气防冰装置，并且进气加热装置应该安装在进气滤芯之前。国内研制的燃机进气防冰防湿加热的控制系统的人/机界面如图8.13所示。在进气滤芯前对空气加热，能同时提高进气消音器和进气喇叭口处的进气温度。

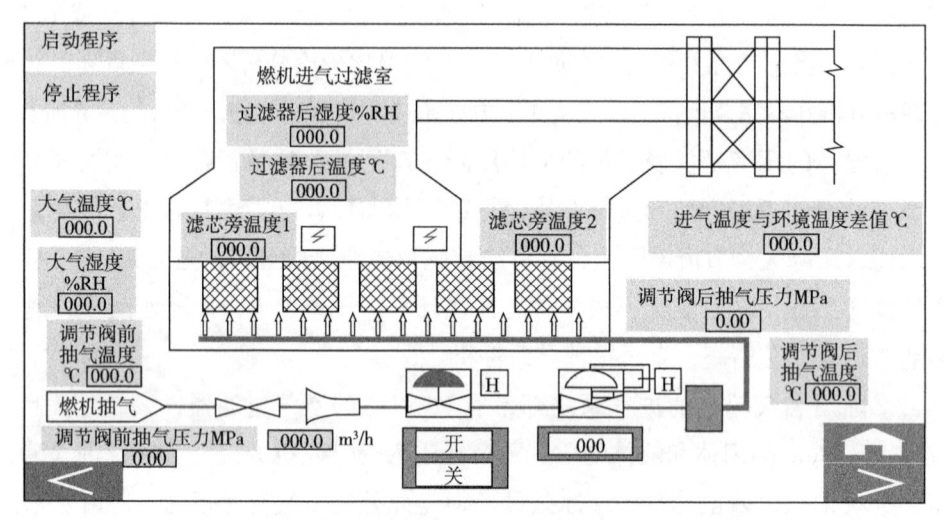

图8.13 燃机进气防冰防湿加热的控制系统的人/机界面图

（3）创新3。

经过以上的研究分析，进气滤芯发生冰堵或湿堵的根本原因为：由于燃气轮机进气系统的空气流速变化很大，空气在流动时，空气的内能（温度）与动能（速度）会相互转化，即速度越高，压降越大，温降也越大；当温度比较低并且相对湿度大于90%RH时，空气的干球温度T_a与露点温度T_s十分接近，即使是滤芯"节流降温"形成的微小温差，也能使空气中的一部分水蒸气冷凝成液态水。

当$T_a<0℃$时，冷凝水将凝华成冰霜，它们深嵌在滤芯中，造成滤芯冰堵，用脉冲反冲洗是清除不掉嵌在滤芯内的冰霜的。当$T_a>0℃$，冷凝水将滤芯中拦截到的尘埃浸湿。尘埃中一般都含有大量的硫酸盐、硝酸盐等各种盐类；所有盐类遇水都会膨胀，使进气滤芯形成所谓的湿堵。湿堵一旦形成，进气压降增大，造成冷凝水增多，很快形成一种恶性循环，湿堵会越来越严重。

除了表4.5、表4.6和表8.1所提供的资料外，北京某燃气轮机电厂、中国气象局广州热带海洋研究所、香港科技大学等单位，对北京地区和我国华南地区的空气污染物都做了广泛的取样分析。分析报告显示空气中气溶胶的成分中的硫酸盐、硝酸盐和碳酸盐占有很高的比例。所有盐类遇水都会膨胀，这是进气滤芯造成湿堵的根本原因。

任何机械式气/水分离装置都不能除去进气系统自然生成的冷凝水，依靠任何机械式气/水分离装置都不能防止进气系统的冰堵和湿堵。

芬兰蓝天科技检测公司（Blue Heaven Technology）早在2011年就做过关于空气滤芯的加灰加湿防湿试验，被测滤芯是F9（EN 779）、全合成材料，滤材本身的防水性很好。试验结果表明：在滤芯加灰不久直到72h，滤芯压差就一直维持在6inW.C.不变；但是在连续加湿后，进气压差很快由6inW.C.上升至30inW.C.（7600Pa）。试验报告（节选）见表8.7。

表8.7　滤芯加灰加水防湿试验报告（节选）

Blue Heaven Technologies	测试编号 16-0172
	72h 的空气滤芯加灰加水防湿试验
观察	
滤芯压差 /in W.C.	评论
0.63	初始
3.00	仅装载 ISO 细粉尘，过滤器外观或完整性无变化
6.00	仅装载水雾喷雾，轻微褶皱运动，下游无旁路
6.00	24h 过去了，轻微褶皱运动，下游无旁路
6.00	48h 过去了，轻微褶皱运动，下游无旁路
6.00	72h 过去了，轻微褶皱运动，下游无旁路
10.00	装载 ISO 细粉和水雾喷雾的组合。轻微褶皱运动，下游无旁路
15.00	装载 ISO 细粉和水雾喷雾的组合。轻微褶皱运动，下游无旁路
20.00	装载 ISO 细粉和水雾喷雾的组合。轻微褶皱运动，下游有轻微的水旁路迹象。无粉尘旁路
25.00	装载 ISO 细粉和水雾喷雾的组合。轻微褶皱运动，下游有轻微的水旁路迹象。无粉尘旁路
30.00	装载 ISO 细粉和水雾喷雾的组合。轻微褶皱运动，下游有轻微的水旁路迹象。无粉尘旁路

这份报告与国内外的一些理论或标准完全不相符。它的试验结果说明滤芯湿堵与否与滤芯滤材防水与否基本无关。国内许多用户发现压降比较大、积灰比较多的旧滤芯，在较短的时间内，压降很快就达到 2.0kPa 以上，有时会把滤芯吸扁；而更换新滤芯后就能避免滤芯的湿堵，因为更换新滤芯不仅能使进气压降低，而且新滤芯不含尘埃和盐分。

值得注意的是，采用的标准灰中并不含盐。假如标准灰中含盐，湿堵会更加严重。由此看来，业内的不少关于燃气轮机进气系统防冰防湿的理论、方法或标准需要修订。任何防水滤芯的研制工作都是徒劳的，世界上不可能存在所谓的防湿滤芯，所以有关滤芯的防湿标准应该废除。

（4）创新 4。

通过分析可知，滤芯防冰防湿的唯一有效办法就是在进气滤芯前对燃气轮机的进气进行适时适量的加热。通过空气加热来降低空气的相对湿度，拉大空气干球温度 T_a 和露点温度 T_s 的距离，防止空气在有温降时产生冷凝水，从而避免发生进气滤芯的冰堵或湿堵。

例如，当地海拔为 150m，大气温度 T_a=0℃，相对湿度 ϕ=90%RH 时，湿空气的露点温度 T_s=-1.44℃，含湿量 d=3.45g/kg（干空气），热焓 h=8.64kJ/kg（干空气）。据此，如果把进气温度提高 2~6℃，湿空气的相对湿度计算结果见表 8.8。

表 8.8　温升与相对湿度的关系

温升 ΔT/℃	2	3	4	5	6
ϕ_1/%RH	77.92	72.57	67.63	63.05	58.82
$\Delta\phi$/%RH	−12.08	−17.43	−22.37	−26.95	−31.18

由表 8.8 可知：在当地气象条件下，只要把进气温度提高 4℃，相对湿度就能降低 22.37%RH。没有冷凝水产生，就不会发生滤芯的冰堵或湿堵现象。

有相关文献说要把进气温度提高 6~10℃，甚至有标准规定要将进气温度提高到 5℃以上。这些规定不仅没有理论依据，还白白浪费数倍的能源。经过业内的深入研究和广泛实践，燃气轮机进气防冰防湿的控制曲线应该如图 8.14 所示。

业内广泛流行的如图 8.8 所示的控制曲线可能是适合于航空发动机的防冰控制曲线。航空发动机没有进气过滤器，并且在刮风下雨时都要起飞和降落，会有大量的雨雪或冰雹直接进入发动机；加之飞机起飞或降落时，飞机本身有不小于 200km/h 的飞行速度，进气道的气流速度会更大，进气温降会更大。为了保证飞机的绝对安全，进气防冰控制条件应该宽裕许多。

图 8.14 与图 8.8 相比，防冰加热能耗要降低 90% 以上，因为符合图 8.14 的时段比图 8.8 要少 90% 以上。现场实录一台 30MW 燃压机组投运前后燃料气的变化为：防冰加热一投运机组要多消耗 130m³/h 左右的天然气。也就是说，如果按图 8.14 的防冰设计改造，一台 30MW 级燃气轮机一个冬季要节约（30~40）×10⁴m³ 天然气。

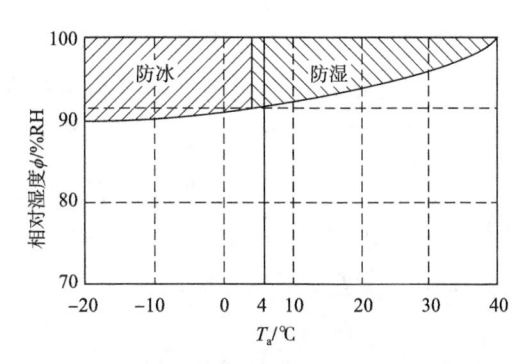

图 8.14　燃气轮机进气防冰防湿的控制曲线

按照以上防冰防湿设计的理论，国内已经改造和配套了 8 种机型、近 100 台燃气轮机进气防冰防湿系统，做到了台台成功。改造的 PGT25+ 燃气轮机进气防冰系统实景照片如图 8.15 所示。

（a）西气东输燃压机组进气防冰防湿系统

（b）改造前

（c）改造后

图 8.15　PGT25+ 燃气轮机进气防冰系统的实景照片

该台进气防冰改造装置已经成功安全运行了 12 年左右。该台进气防湿改造是在华北地区一台 MHI/701F3 机组的进气系统进行。机组实录的进气防湿变化曲线验证了进气防湿理论，滤芯的防湿变化曲线如图 8.16 所示。

2016 年 12 月 20 日，防冰除湿系统在投入热备用状态下，压差开始迅速下降 10min 之内由 2.0kPa 下降至 1.5kPa；当 A 调节阀开启至 18% 时（允许全开为 37%），压差下降至 0.8kPa 以下。

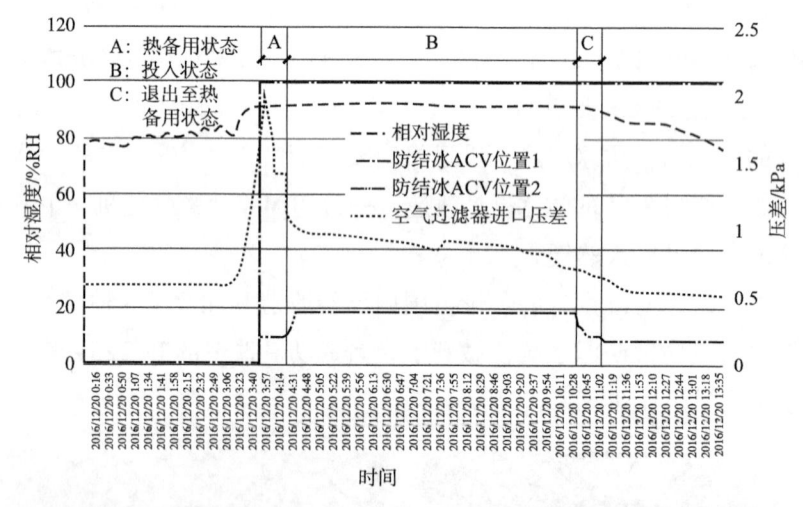

图 8.16 某电厂 MHI/M701F3 机组进气滤芯的加热防湿实录曲线

8.2.3 进气加热方法的选择

燃气轮机进气加热要消耗一定的热量。根据用户的具体情况，可有多种进气加热方法供选择。进气加热方法的优缺点见表 8.9。

表 8.9 进气加热方法的优缺点

方法	优点	缺点
利用压气机抽气加热	简单，易实现全自动控制	（1）功率损失 2.5%； （2）热耗增加 1.2%
蒸汽或热水加热	利用余热，节能	有进气阻力，改造难度大
利用燃气轮机箱体通风余热加热	利用余热，节能	体积大，改造难度较大
利用涡轮排气余热加热	利用余热，节能	需要高温排气增压设计，费用较高
电加热	简单，易改造	需要大量的电能，厂用电系统一般不能满足用电需求

一般宜采用压气机抽气加热，绝大多数燃气轮机都留有压气机抽气接口，供抽气加热或其他抽气用。

8.2.4 抽气加热的关键技术

燃气轮机的控制是燃气轮机安全运行的核心，其中包括 IGV 的控制，它要根据燃气轮机的运行工况，适时且快速地调节燃气轮机压气机的进气量。因此从压气机抽气用于进气防冰防湿，首先要解决以下几个核心技术：

（1）根据气象条件计算以下参数：从哪级抽气最合适、最大抽气量、抽气占压气机进气量的比例、从压气机抽气对功率和热耗的影响程度；

（2）要有独立的控制系统，启动抽气和停止抽气对燃气轮机的原控制系统没有任何干扰和冲击；

（3）独立的控制系统要安全、稳定和可靠地工作；

（4）针对不同的机组、不同的抽气压力和温度，设计出合适的加热喷嘴；

（5）进气防冰控制的关键在于稳定可靠的防冰防湿控制系统，其中，T_a、ϕ_1、T_2、ϕ_2 的测量首先要准确可靠，T_a、ϕ_1 探头的安装位置要在"气象站"内，T_2、ϕ_2 探头的安装位置要正确，要有冗余设计。

8.2.5 对某机组防冰保护停机的理论分析

对于如图 8.6 所示的防冰保护停机，某燃机供应商做了大量的现场调查，收集了包括图 8.6 在内的许多原始资料，但始终没有找到故障停机的原因。根据燃机供应商提供的原始资料，发现某公司的防冰控制设计从理论到软件设计都存在原则性错误。

该型燃气轮机的防冰控制是利用 T_s-T_2 < 0.89999°F 来控制加热后的 T_2 温度（T_2 相当于图 8.12 中的 T_3）。这里的 T_2 是控制对象，T_2 的最大温升为 5.6℃（10°F）。在 T_1 > 30°F 时，T_s 是定值 40°F；在 T_1 < 30°F 时，T_s=T_1+5.6℃（10°F）。

上述控制的问题在于：由于如图 8.6 所示的 T_1-T_2=2.09℃（3.6°F）——这与本文上述计算基本吻合。但是 T_2 是 T_1、C_2 的函数，所以在 T_1 < 30°F、T_2 最大温升为 5.6℃的情况下，T_2' 是不可能接近 T_s 值的（< 0.89999°F）。对应的偏差为图 8.6 中实录的 T_1+5.6℃ −T_2'=T_1−T_2'=2.09℃（3.6°F）。也就是说，当 T_2 > 30°F 以上时，系统能正常工作；当 T_2 < 30°F 时，系统就不可能正常工作，并

且一定会导致防冰系统保护性停机。对照图 8.6 的运行记录曲线，对两起防冰保护的分析如下：

（1）2009/2/13，0：24′ 和 2009/2/10，22：29′：两次防冰系统成功投入，都是 T_2 在 30℉ 以上，而后几次的防冰系统退出，都是 T_2 已降至 30℉ 以下。

（2）2009/2/13，7：36′：T_1=30℉，T_s=30℉+10℉=40℉，但 T_2=27℉，加热 10℉ 后，T_2' 升至 37℉，T_s-T_2'=3℉ > 0.89999℉，出现防冰保护。

分析某 GE/PGT25+ 燃机用户提供的某机组的防冰控制基础数据发现：T_a 与 T_2 的相互关系有时很矛盾，见表 8.10 的标注部分。

表 8.10 某机组自动录取的进气系统 T_a 和 T_2 值

T_a/℃	T_2/℃	出口压力/（kgf/cm²）	温差/℃
−2.763523528	−4.136171339	16.33562345	−1.372647811
−2.797631156	−4.207686317	16.34263771	−1.410055161
−2.859056261	−4.321025211	16.35544749	−1.46196895
−3.101187811	−4.374881322	16.346103	−1.273693511
−2.884144256	−4.388200972	16.34866067	−1.504056717
−3.190930683	−4.502460689	16.34847399	−1.311530006
−3.346248206	−4.496609372	16.35466001	−1.150361167
−3.500908744	−4.63107745	16.35381033	−1.130168706
−3.465330333	−4.679197733	16.34998885	−1.2138674
−3.431714378	−1.606608494	16.13113481	1.825105883
−3.346163433	0.498973	16.09309171	3.845136433

如前节分析，T_2 应该永远小于 T_a。为什么有时 T_2 突然比 T_a 高 1.825~3.845℃？像这样的记录有许多例，并且都是发生在 T_a < −3℃ 的时候。唯一的解释是温度变送器探头上的冷凝水突然凝华结冰，液态水凝华时放出了热量。

检查该机组 T_2 探头的安装位置，发现其安装在进气稳流室入口的不锈钢筛网最下方的夹缝内。当进气的温湿度达到某一临界点时，会有冷凝水流到 T_2 探头上。冷凝水一旦凝华成冰霜，此相变过程会释放热量，从而发生温度的跃升突变。

检查后发现该机组 T_a 探头的安装位置也不对。该探头直接裸露在仪表箱的外面，遇到雨雪或大雾天气，只要温度探头上有一点水雾，该探头测量的温度就不是干球温度 T_a，而是湿球温度 T_w。

不论是国外的防冰技术，还是国内的防冰技术，干球温度 T_a 和进气道内干球温度 T_2 都是最重要的测量参数，其中，T_2 是温控线。如果 T_a 和 T_2 测量有误，整个防冰控制系统就不可能稳定运行。陆用燃气轮机进气防冰系统温/湿度 T_a 和 ϕ_0 测量探头，应该安装在特制的"气象站"内。

燃气轮机进气防冰系统的大气温/湿度传感器的设置位置是十分重要的。其实，飞机防冰和飞控系统的大气温/湿度传感器设置都十分重要。例如，2008年2月28日，美军一架 B2"幽灵"战略轰炸机从关岛安德森空军基地起飞不久就坠毁，美军瞬间损失了24亿美元。事故原因很快被查明：这架飞机当晚没有进机库，大雨把飞机"淋感冒"了，其温/湿度传感器向飞控系统发出了错误的信息，由此给美军造成如此重大的经济损失。即使 B2 战略轰炸机当晚进入了机库，如果不改进它的大气温/湿度测量方法，它在暴风雨时起飞也可能再次出现同类事故。图 8.6 的种种疑问揭示了该机组的防冰控制系统存在着理论上和逻辑上的错误。

综上所述，对于燃气轮机和飞机的进气防冰系统设计，有不少技术值得业内深入研究。

8.3 燃气轮机进气加湿降温技术

8.3.1 进气降温技术

所有燃气轮机均以空气为工作介质，进气温度越高，燃气轮机输出功率越低，燃料消耗越高，NO_x 排放越高，使用寿命越低。燃气轮机典型的温度—湿度—功率—燃耗—NO_x 关系曲线如图 2.19、图 2.20 和图 2.21 所示。

一般来说，燃气轮机的进气温度每降低 10℃，输出功率升高约 10%，燃料消耗降低约 2%，NO_x 排放量降低 30%；相对湿度每增加 10%，NO_x 排放量降低 20%。如果在进气温度降低的同时提高相对湿度，那么会取得更好的经济效果。

当下世界各国对节能减排的要求越来越高。为实现碳中和碳达峰的目标，人们一直在做各种努力和尝试，其中就包括燃气轮机进气冷却技术在燃气轮机成套设备上的应用，但真正成功的案例并不多。要想找到失败的原因，应该对燃气轮机进气降温技术进行深入的研究。

空气降温技术本身是一项十分古老而成熟的技术，冷却方式可以分为"等湿冷却法"和"等焓冷却法"两种。

（1）等湿冷却法。

等湿冷却法又称间接冷却法。它是通过"压缩制冷式""吸收制冷式""蓄冷式"等方法获取冷源。通过间接换热的方法，在"绝对含湿量"不变的情况下，在降低进气的干球温度的同时，也提高了进气的相对湿度。它的降温过程如图 8.17 中的 A—B 过程线所示，在空气冷却过程中，空气的含湿量 d 保持不变。

B 点是 A 点湿空气 T_a、ϕ_1 状态对应的露点温度 T_s。T_s 是 A 状态湿空气允许降至的最低温度。假如进气温度降至 B' 点，对应的露点温度移至 T_s'，不仅降温能耗增加 5 倍左右，而且会有大量的冷凝水析出。

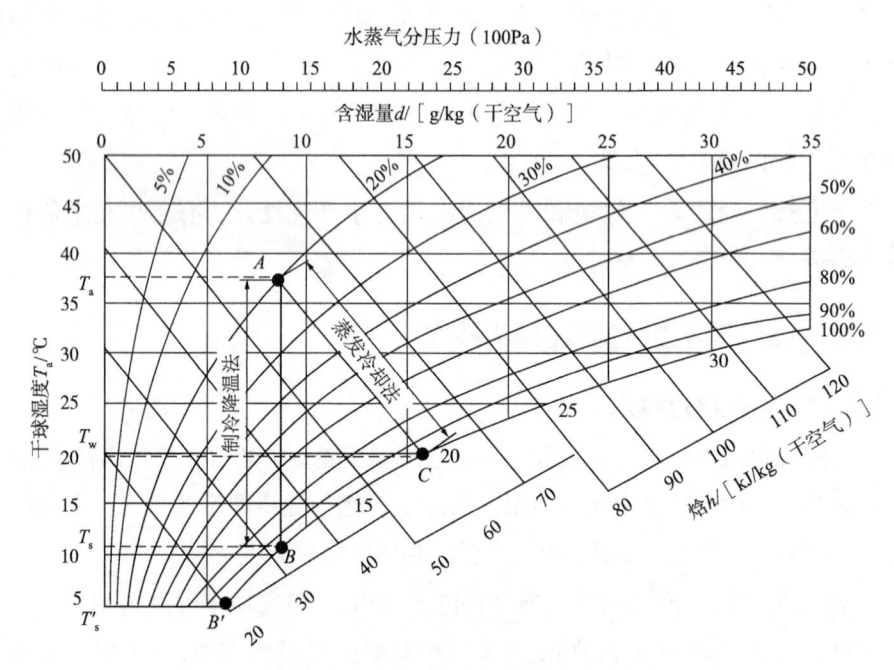

图 8.17　湿空气的等湿和等焓温降线

借助 8.2.1 中提及的计算软件进行计算：假如当地大气压为 0.101325MPa，气温为 35℃，空气的相对湿度为 70%，湿空气处于 A 点状态，它的各项参数是：湿空气的湿球温度 T_w=30℃；含湿量 d=25.13227g/kg（干空气），焓值 h_1=99.6434kJ/kg（干空气），露点温度 T_s=28.70℃。

如果保持含湿量不变，把进气温度降至 B 点对应的28.70℃，这时湿空气的各项参数是：湿空气的相对湿度接近100%，含湿量 d=25.13227g/kg（干空气），焓值 h_2=93.021kJ/kg（干空气）。湿空气降低1℃，消耗的冷量 q_0=［99.6434kJ/kg（干空气）-93.0206kJ/kg（干空气）］/（35℃-28.7℃）=1.051kJ/（kg·℃）。这时没有冷凝水析出。

如果把湿空气从28.7℃降至26.7℃，B' 点湿空气的热力状态是：湿空气的相对湿度是100%；含湿量 d=22.263g/kg（干空气）；焓值 h_2=83.6kJ/kg（干空气）。湿空气降低1℃，消耗的冷量 q_0=［93.0206kJ/kg（干空气）-83.6kJ/kg（干空气）］/2℃=4.71kJ/（kg·℃），是从 A 点移至 B 点的4.5倍，并且有 Δd=25.1323g/kg（干空气）-22.2627g/kg（干空气）=2.87g/kg（干空气）的冷凝水析出。

燃气轮机进气降温本来是一种节能措施，如果进气降温设计不当，多耗的能量可能会在无形中把降温带来的收益吃掉。特别是有大量的冷凝水从空气中析出，这在燃气轮机进气的设计中是不被允许的。某燃气轮机的进气冷却装置的外观如图8.18所示。

这些进气冷却装置都不带温度控制系统。从理论上说，如果进气冷却后的温度低于露点温度，降温能耗会成倍增加，同时会有大量的冷凝水打湿滤芯，或者直接进入燃气轮机，这是不被允许的。

图8.18 某燃气轮机的进气冷却装置的外观

（2）等焓冷却法。

等焓冷却法又称蒸发冷却技术，在冷却过程中，湿空气的焓值保持不变。它有湿膜介质式蒸发冷却器、直喷式蒸发冷却器和直喷+水膜式蒸发冷却器三种基本形式。湿膜介质式蒸发冷却器的结构原理图如图4.11所示，直喷式蒸发冷却器的结构原理图如图8.19所示。直喷式蒸发冷却器是用高压水泵将符合要求的除盐水用雾化喷嘴直接喷入进气道，靠水雾的快速蒸发来达到降温加湿的目的。

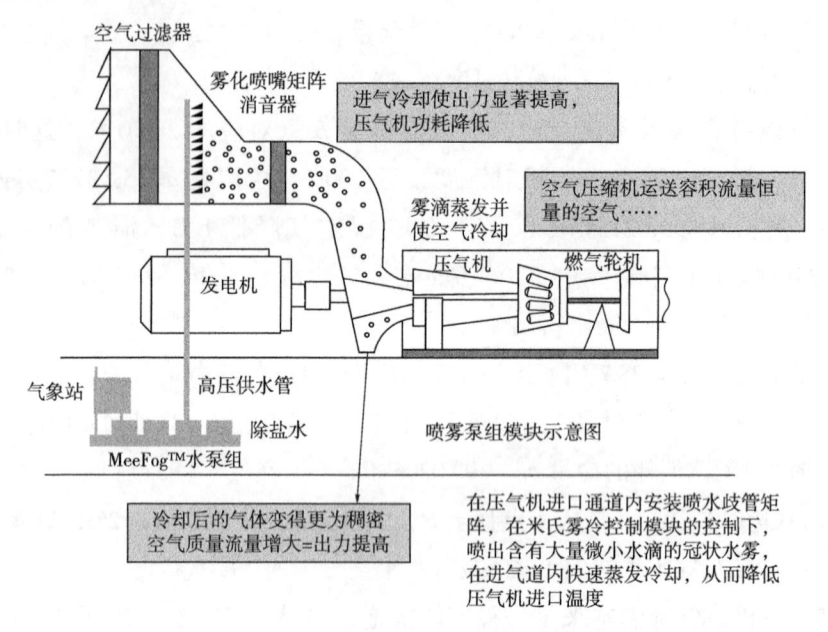

图 8.19　直喷式蒸发冷却器结构原理图

等焓冷却法是一种利用水在自然状态下的自然蒸发、在蒸发过程中吸收空气的显热,在不改变湿空气焓值的情况下,降低湿空气显热的空气降温方法。它的最大特点是仅消耗一定量的水及少量其他能量,使得空气干球温度降低。因为 1kg 水完全蒸发时能吸收空气中 2400kJ 的显热,降温过程如图 9.1 中的 $A—C$ 过程线所示。C 点是 A 点湿空气 T_a、ϕ_1 状态对应的湿球温度 T_w。显然,$T_a > T_w > T_s$。

在干旱炎热的地区采用"蒸发冷却法"对燃气轮机进气进行降温,是一种最科学、最经济的燃气轮机进气降温技术,在燃气轮机上的应用十分广泛。利用计算软件可以更加方便、更加具体地知道该技术的优越性。

在我国西部地区的塔里木油田,许多地区的夏季气温达到 45℃,相对湿度有时小于 10%RH。如果当地大气压为 90.2kPa,最高气温为 40℃,相对湿度为 15%RH,当采用等焓冷却法给空气加湿至 100%RH 时,进气温度可以降至 19.45℃。计算结果表明,如果把进气加湿到 90%RH,进气温度也能降到 20.6℃,降幅 $\Delta T=19.4$℃。

蒸发冷却法的冷却效果与大气压、空气的干球温度 T_a 和相对湿度 ϕ_1 等参数密切相关,参数间的关系曲线如图 8.20 所示。

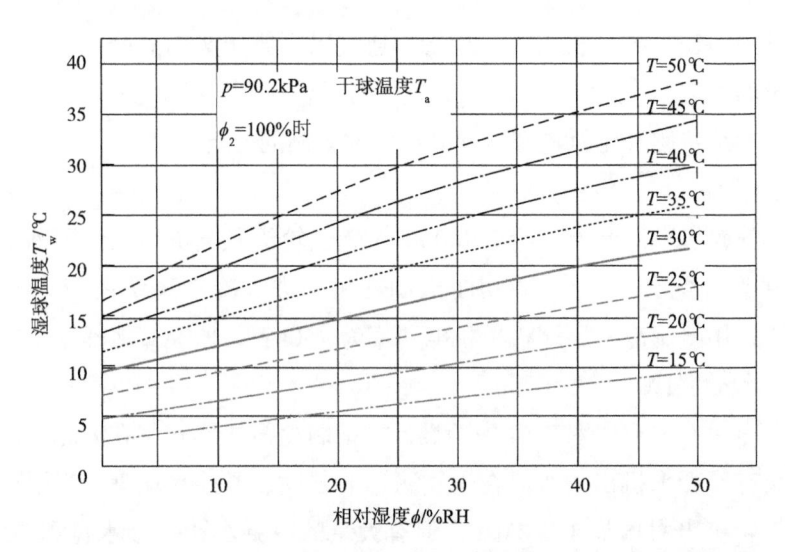

图 8.20　干球温度 T_a 与湿球温度 T_w、相对湿度 ϕ 的关系曲线

由图 8.20 可知，如果进气温度为 45℃，相对湿度为 20%RH，理论上能把进气温度降到 25℃；如果相对湿度为 35%RH，进气温度能降到 30℃。所以许多国家已经明确规定：在相对湿度小于 40%RH 的地区，一切空气降温设计要优先采用蒸发冷却技术。

8.3.2　对进气冷却技术的分析

（1）燃气轮机进气冷却的特殊要求。

燃气轮机进气冷却是一个典型的节能环保项目，应该大力推广。但是，燃气轮机进气降温并不完全等同于普通意义上的空气降温，对于这点，许多燃气轮机工程设计单位知之甚少。虽然采用了国外著名厂商或国内著名设计院做的燃气轮机进气降温设计，投入了不少资金，却没有一例能够成功投运。燃气轮机的进气降温装置需要满足以下几条要求：

①燃气轮机进气携水率不能大于 0.5%；

②进气冷却装置不能造成进气滤芯的湿堵，即降温后相对湿度 $\phi \leq 90\%$RH；

③进气冷却装置应该尽量减少进气系统的压力损失。

燃气轮机的进气降温装置不能同时满足以上三条要求，则不能投入运行。典型的设计是把进气冷却装置直接安装在进气滤芯之前，如图 8.18 所示，由于都不带温控系统，会造成大量的冷凝水浸湿滤芯，导致湿堵，甚至还有大量的水从进气道流出，导致机组无法运行。通过以下典型案例的分析，可对该情况有进一步的了解。

（2）对某些燃气轮机进气冷却设计失败案例的分析。

①案例1。

某燃气轮机电厂装有2台LM6000PA燃气轮机发电机组，由国外某燃气轮机商直接设计配套了2台1000RT电制冷机，进气冷却系统由开利（Carrier）公司设计，用氨制冷，压缩机单机电功率为750kW，加上其他辅助系统，总制冷功率不小于1MW。

进气冷却方式类似图8.18中的设计，把制冷换热器安装在滤芯之前。事先考虑到会有冷凝水析出，所以在进气滤芯下方设计了接水托盘。当制冷机投运时，燃气轮机出力增加了3.3MW，但有大量的冷凝水通过接水盘和DN150mm的引水管流出。由于进气滤芯被水打湿，进气压力升高，机组无法运行。根据收集到的有限资料，对进气冷却设计进行计算复核。

已知机组型号，进气量G=126kg/s，ISO出力为41.05MW，热耗为9020kJ/（kW·h）。无锡地区海拔为10m，夏季最高气温为40℃，平均相对湿度为70%RH。经计算：当T_a=40℃、ϕ=70%RH时，空气的露点温度T_s=33.47℃，含湿量d=33.43g/kg（干空气），焓值h=126.27kJ/kg（干空气）。干球温度与露点温度差值$\Delta T=T_a-T_s$=6.53℃。

假如选配的冷冻机冷功率为510 RT，这时也会有冷凝水析出，析水量Q_1=1.26t/h，携水率为0.29%，小于0.5%，但是冷凝水浸湿了滤芯。假如此时1000RT的制冷机全开（整个制冷系统没有温控系统），冷凝水的析出量Q_2=2.93t/h，携水率为0.752%，大于0.5%，这时的平均能耗增加到2.84倍。LM6000PA的3种进气降温工况的热力计算见表8.11。

表8.11　LM6000PA的3种进气降温工况的热力计算表

工况序号	温降点/℃	降温幅值 ΔT/℃	制冷量/RT	析水量/t/h	携水率/%	能耗比/kJ/℃
1	32	8	510	1.26	0.28	1.95
2	29.2	10.8	1000.7	2.93	0.75	2.84
3	20	20	2264	6.24	1.82	3.44

由于不了解当地的气价、水价和上网电价，也不知道设备的原投资值，所以不好作经济分析。但有一点可以肯定：进气冷却系统不应该配 2 台 1000RT 的制冷机，投入的巨额投资没有任何回报。据调查，在国内还有许多台完全类似的进气冷却的设计，也没有一例能成功投运。进气冷却设计失败的原因主要包括以下两点：

a. 进气冷却装置必须带温控系统，空气冷却温度不能低于露点温度；

b. 进气冷却装置不能放在进气滤芯之前，只能放在进气滤芯之后。根据 8.4 节的讨论和表 8.5 的计算，当进气冷却使相对湿度大于 90%RH 时，进气滤芯就会发生湿堵，燃气轮机也不能正常运行。如果每台机组配 500RT 的制冷机，不仅节省工程投资，也许在某些条件下，这套进气冷却系统还能投运。

②案例 2。

如图 8.19 所示的直喷式蒸发冷却器，在某燃气轮机用户的试用过程中也遭到了彻底的失败。试用该蒸发冷却器时，现场反映进气道有水，压气机表面有积垢，机组振动大。该站在我国吐鲁番盆地，当地的天气极其干旱炎热，而且该站本身已有水质很好的除盐水。根据收集的资料，图 9.3 的直喷式蒸发冷却器是不可能成功投用的，失败的原因主要包括以下 3 点：

a. 它是把水雾直接喷入进气道。该机组进气道的截面面积很小，高压雾化的水雾在进气道内会相互碰撞，小水雾会变成大水珠，水珠很难全部快速蒸发；

b. 它不带气/水分离器。由于水雾蒸发量 Δd 是 $f(T_{a1}、\phi_1、p_1) - f(T_{a2}、\phi_2、p_2)$ 的多变实时函数，不可能对 Δd 做到精准定量控制，所以必然常常发生"过喷"，造成进气携水率大于 0.5%，机组振动大；

c. 该装置没有水雾分离器，即使设计有水雾分离器，空气流速必须小于 2m/s。而该机组风道内的空气流速是 8m/s，如果不对进气系统做特殊改造，不可能达到携水率小于 0.5% 的要求。

这套试验装置是国内某著名研究单位和美国某著名公司联合设计，该设计的失败说明喷雾蒸发冷却器在燃气轮机上应用并不是一种简单的技术。

③案例 3。

如图 4.11 所示的湿膜介质式蒸发冷却器，在克拉玛依燃机电厂和中油国际乍得油田燃机电厂都得到了成功的应用。但是利用空气透过湿膜介质来增加空气的相对湿度，湿膜介质薄了，加湿效率低；湿膜介质厚了，进气压降大，这会常年给机组带来诸多不利影响。所以，应该开展对燃气轮机进气冷却技术的深入研究。

8.3.3 一种新型燃气轮机进气冷却器

针对以上 3 种燃气轮机进气冷却的设计缺陷，国内某科研单位和企业共同研发了一种新型燃气轮机喷雾 + 气 / 水分离的喷雾蒸发冷却装置，它的工作原理图如图 8.21 所示。

由于把冷却装置安装在进气滤芯之后，并且采用了进气压降很低、气 / 水分离效果很好的蜂窝湿膜式气 / 水分离器，从根本上避免了以上 3 种进气冷却装置存在的缺陷，取得了很好的使用效果。首批改造的 3 台机组的进气冷却装置的实景照片如图 8.22 所示。

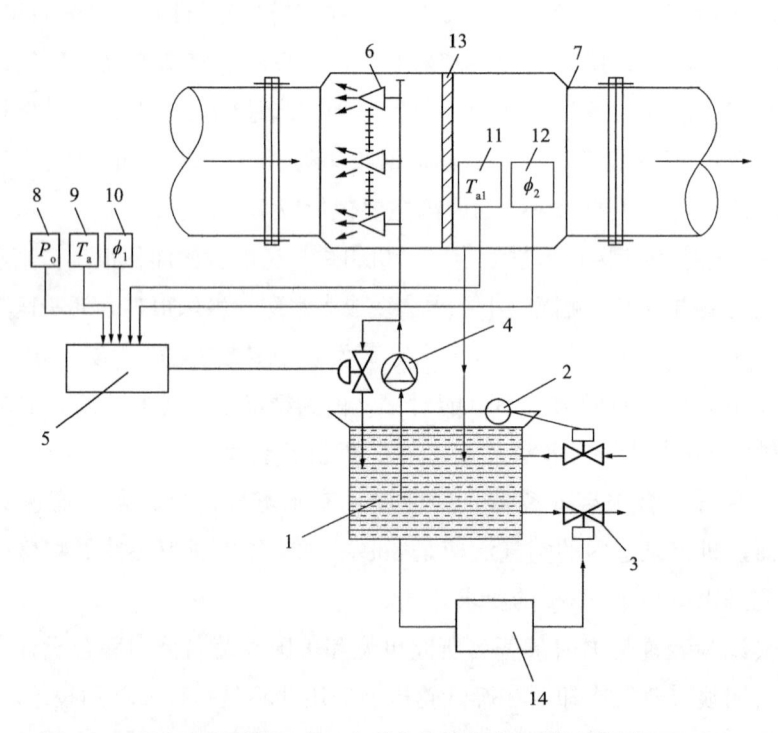

图 8.21　燃气轮机喷雾 + 气 / 水分离的进气冷却装置的结构原理图

1—水箱；2—液位控制阀 3—自动排污阀；4—给水泵；5—控制系统；6—水雾化喷嘴；
7—进气道；8—大气压计；9—大气温度计；10—大气湿度计；11—后温度计；12—后湿度计；
13—湿膜式水雾分离器 14—TDS 电导率测定仪

第8章 | 进气系统相关技术

图 8.22 某油田的 3 台喷雾 + 气/水分离进气冷却装置的实景照片

表 8.12 是某油田燃气轮机电站进气冷却装置应用时的性能考核的部分内容。

表 8.12 某燃气轮机电站进气冷却装置性能考核统计表（摘录）

试验日期	大气温度 T_a/℃	大气相对湿度 ϕ_1/%	喷水后进气温降 ΔT/℃	功率增加值（净）/%	效率增加值（净）/%	进气附加压力损失/Pa
2000/8/10	39.7	11.2	19.6	19.94	4.95	60
2000/8/13	34.9	16.3	12.5	12.06	3.19	60

从表 8.12 可看出，当进气温度为 39.7℃、相对湿度为 11.2%RH 时，机组净出力增加 19.94%，热效率净增加 4.95%，进气附加压力损失仅 60Pa。这种喷雾蒸发冷却器的蒸发效率 η=85%~90%。

比较表 2.2，某公司为了提高燃气轮机组的出力和热效率，通过提高机组的燃烧温度，经过二十多年的努力，机组的出力虽然增加了 1.96 倍，但热效率只提高了 5.66%。采用如图 9.6 所示的进气冷却方法，在某种特定的条件下，热效率净增了 3.19%~4.95%，其技术上和经济上的优势是不言而喻的。

把燃气轮机的热效率提高 1%~2% 是一种了不起的技术进步，因为天然气是一种十分稀缺且相对昂贵的燃料。燃料成本一般占燃气发电成本的 80% 左右，某些燃驱站的燃料气成本占输气站总成本的 90% 以上。所以许多燃气轮机用户把提高机组热效率当作头等大事，不惜花巨资购买热效率更高的机组。其实，提高机组热效率的办法有许多种，其中，进气喷雾蒸发冷却技术在某些地区是投资最省、见效最快的技术。这种新型进气冷却装置已经出口到中东地区，同样取得了很好的使用效果，如图 8.23 所示。

图8.23 中东某燃机电厂带蒸发冷却器的燃气轮机进气系统

8.3.4 蒸发冷却的节能环保效果

燃气轮机进气系统采用蒸发冷却技术能够显著提高燃气轮机出力、降低燃气轮机燃耗、降低 NO_x 排放、延长机组使用寿命。国外学者把蒸发冷却技术与"压缩制冷式""吸收制冷式"等其他进气冷却技术做了进一步比较。研究表明，蒸发冷却技术与"压缩制冷式"等其他空气冷却技术相比，能节约60%~80%的电力。

任何设备每节约 1kW·h 电力，可以减少 CO_2 排放 672g、减少 SO_2 排放 7.3g 和减少 NO_x 排放 3.2g，具有显著的节能环保效果。有的国家还专门规定：在需要进气降温的场合，不仅要优先采用喷雾蒸发冷却技术，还会对此给予一定的财政支持。

8.3.5 蒸发冷却的水质要求

由于蒸发冷却器在燃气轮机上有着十分广泛的应用，世界著名燃气轮机供应商 GE、Solar 等公司对蒸发冷却的水质都有明确要求，技术指标大体分为以下3个方面：

（1）混浊度：5000 混浊单位；

（2）pH 值：6~9；

（3）硬度（$CaCO_3$）：160ppm。

这种要求比图 9.3 中直喷式蒸发冷却器的要求要低许多，喷雾+气/水分离进气冷却器只需 1~2 级反渗透水。各个燃机厂商和蒸发冷却器厂商对水质有不同的要求。

喷雾+气/水分离进气冷却器对空气中的微量尘埃还有进一步的水洗净化作

用。在喷雾蒸发过程中，有一部分水未被蒸发，该部分水通过气/水分离器回到回水箱中，回水箱中的水可以循环使用。在回水箱上装有TDS电导仪，允许供水的总溶解性固体物质（TDS）浓度维持在可以接受的范围内。当TDS浓度达到一定的水平，排污阀自动打开，补充新鲜水。

一台自控系统可以同时控制多台机组的喷雾+气/水分离进气冷却器，实时采集所有进气蒸发冷却、耗水量等运行参数，并上传到SCS或SDAD系统。某燃气轮机电厂的6套喷雾蒸发冷却器的控制系统如图8.24所示。

8.3.6 常用进气冷却方法的综合评估

燃气轮机进气方式可以分成两大类，共七种方式，它们各有优缺点，综合评估见表8.13。

图8.24 某燃气轮机电厂的6台机组的喷雾蒸发冷却器的控制柜

表8.13 燃气轮机常用进气冷却方法的综合评估

类型		优点	缺点
等湿冷却	压缩式	（1）不受气象条件限制； （2）降温幅度最大	（1）降温幅度受相对湿度限制，降温幅度有限； （2）耗能多，投资大，运营成本大； （3）耗水多，对水质要求高； （4）进气压力损失大
	吸收式		
	蓄能式	（1）利用已有冷源，节能； （2）降温幅度最大	
	LNG式		
等焓冷却	湿膜介质法	（1）投资较小，安全可靠； （2）对水质要求不高	（1）进气阻力大，约为400Pa； （2）加湿能力有限，降温幅度较低，蒸发效率$\eta=75\%\sim80\%$
	直喷式	（1）投资最低； （2）进气阻力最小； （3）蒸发效率$\eta=90\%\sim95\%$	（1）对水质要求极高； （2）存在"过喷"现象，成功案例少
	直喷+气水分离	（1）投资低； （2）对水质要求不高，耗水耗能最少； （3）蒸发效率$\eta=80\%\sim85\%$； （4）进气阻力小于100Pa； （5）运维成本最低	对原有设备改造难度较大

8.3.7 喷雾蒸发冷却器的推广应用

应该大力推广喷雾蒸发冷却技术在中西部地区燃气轮机进气冷却上的应用。该建议是针对以下几个方面的考虑提出的：

①目前，我国的油气产区主要集中在我国的中西部地区，中油国际的海外油田也是在中亚地区和非洲等国。这些地区都有大量的燃气轮机在应用，还有更多的燃气轮机在规划设计之中；

②这些地区海拔高，气候干旱炎热，这对燃气轮机的运行极为不利；

③1kg 水完全蒸发能在空气中吸收 2400kJ 左右的热量，是真正的"水变油"的技术，蒸发冷却技术具有得天独厚的自然优势，是最好的进气降温技术；

④这些地区的在用燃气轮机大都不是低排放设计，NO_x 排放大都大于 250mg/m³，一旦执行按碳排放量收费，这对燃气轮机用户来说，将会是不小的成本开支。

所以，在这些地区只要有一定量的水，就应该推广使用这种进气冷却技术。但是推广这种喷雾蒸发冷却技术必须做技术经济评估。

（1）西部地区蒸发冷却度小时（ECDH）的分析。

图 8.20 已经表示了空气干球温度 T_a 与湿球温度 T_w、相对湿度 ϕ 之间的关系曲线。各地的干球温度与相对湿度一般由 ECDH（蒸发冷却度小时）来表示。ECDH 是指在规定时间内能够得到的冷却总量。图 8.25 是我国西部吐鲁番地区的 ECDH 值。ECDH 值越大，采用喷雾蒸发冷却技术的效果越好。ECDH 值大于 40000 的大部分地区在我国西北地区。我国吐鲁番地区夏季 ECDH 值达到 8214~9861。根据实地调查，塔中地区的 ECDH 值比这还高。

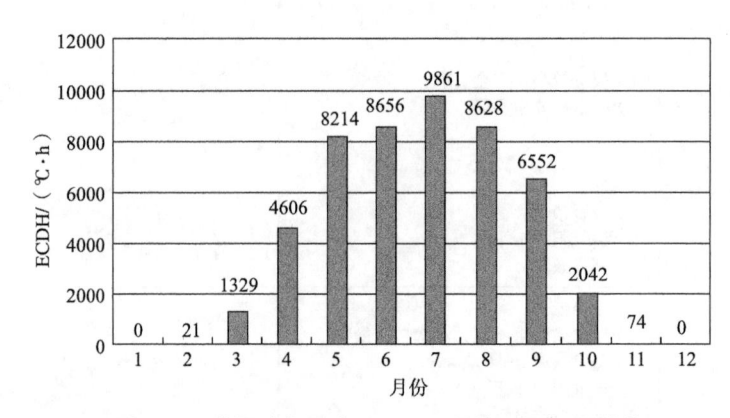

图 8.25 我国吐鲁番地区 1—12 月的 ECDH 平均值

（2）西部地区湿球温降（WBD）的分析。

喷雾蒸发冷却的机理是利用湿空气的干球温度 T_a 与湿球温度 T_w 的温差（WBD），增加湿空气的湿度，使得干球温度 T_a 接近湿球温度 T_w。因此，WBD越大的地区越适合采用喷雾蒸发冷却技术。我国吐鲁番地区某年 8 月 1 日的气温图如图 8.26 所示。WBD 平均约为 15℃。

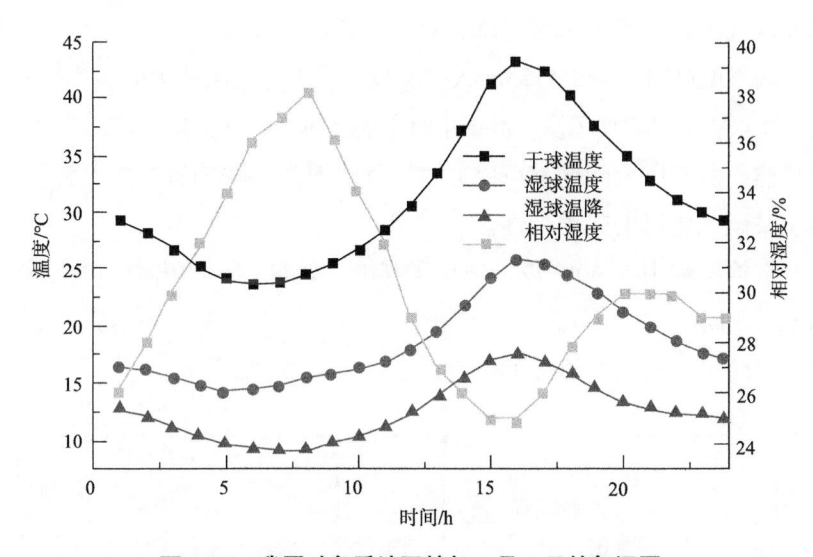

图 8.26　我国吐鲁番地区某年 8 月 1 日的气温图

我国在塔克拉玛干沙漠陆续发现了数个大型油气田，有数台如图 9.6 所示的蒸发冷却器在运行。那里的气温有时高达 48℃，相对湿度有时小于 5%，所以蒸发冷却效果特别好。我国西部主要沙漠地区的降雨量和蒸发量统计见表 8.14。

表 8.14　主要沙漠地区的降雨量和蒸发量统计表

序号	沙漠区域	降雨量/mm	蒸发量/mm	降雨量∶蒸发量	年温差/℃
1	塔里木	63	2700	1∶42.8	50
2	准噶尔	85.8	1800	1∶20.9	80
3	柴达木	17.3	2595	1∶150	30
4	阿拉善	168	3000	1∶17.8	62
5	鄂尔多斯	135	2324	1∶17.2	65

我国西部沙漠及边缘地区，具有推广应用蒸发冷却技术的巨大潜力。与等湿冷却法相比，等焓冷却法的耗水少 5% 以上，仅需消耗一定量的水。

8.3.8 喷雾蒸发冷却技术应用展望

我国目前从宁夏中卫至土库曼斯坦阿穆河气田，装有各种燃气轮机发电机组和燃压机组近 200 台。这些都是高海拔、夏季干旱炎热的地区。加之燃压机组的特殊的机械特性，多年的运行实践表明许多燃气轮机普遍存在以下问题：

①地区海拔高，机组出力下降多；

②地区气温高，机组出力下降太多，燃耗增加太多；

③地区气温高时，机组自动转入"温控"状态，带载能力受限，这时不得不开双机。开双机不仅增加了设备磨损小时，而且机组热耗大幅增加。

很显然，其实以上问题都可以通过进气降温的办法来解决或缓解。

（1）某燃气轮机的热力特性。

西气东输工程中有 60% 以上选用了某燃气轮机。它的出力与温度的关系曲线如图 8.27 所示。

某燃气轮机的热耗与温度的特性曲线如图 8.28 所示。

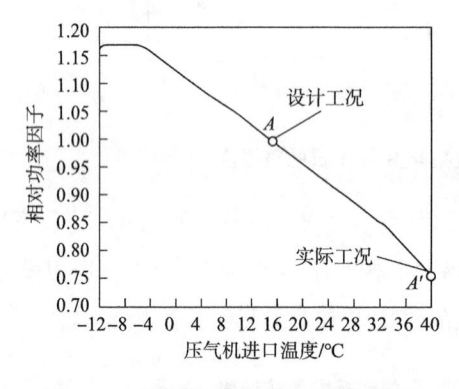

图 8.27　某燃气轮机的出力与温度的关系曲线

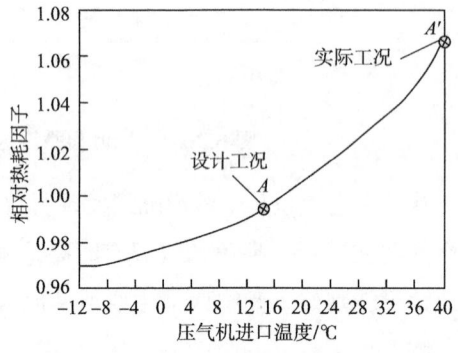

图 8.28　某燃气轮机的热耗与温度的特性曲线

所有燃气轮机额定出力和热耗均以 ISO 工况状态（环境温度为 15℃，大气压力为 0.10135MPa，大气相对湿度 60%）为标称。但是，燃气轮机的实际出力和热耗随压气机入口温度变化而变化。在夏季，大气温度常达到 40℃甚至更高，所以燃气轮机实际工况大多偏离设计工况。燃气轮机温度/出力/热耗关系曲线设备随机文件中都会附有。

某燃气轮机耗与负荷率的特性曲线如图 8.29 所示。

所有燃气轮机额定热耗均以 ISO 状态和 100% 负荷时为标称。但是燃气轮机热耗随负荷率下降而上升。燃气轮机实际负荷是用户需求决定的，所以燃机实际工况大多偏离设计工况。燃气轮机热耗与负荷的关系曲线设备随机文件中都附有。

某燃气轮机与天然气压缩机联动后，受各自涡轮特性的影响，它们有一个特定的有效工作区，不在此工作区内，不仅综

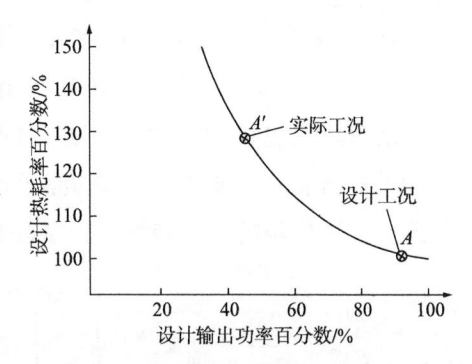

图 8.29　某燃气轮机的热耗与负荷率的特性曲线

合机械效率很低，而且还会发生喘振。某燃气轮机与压缩机联动后，它们的最佳运行设计点如图 8.30 所示。

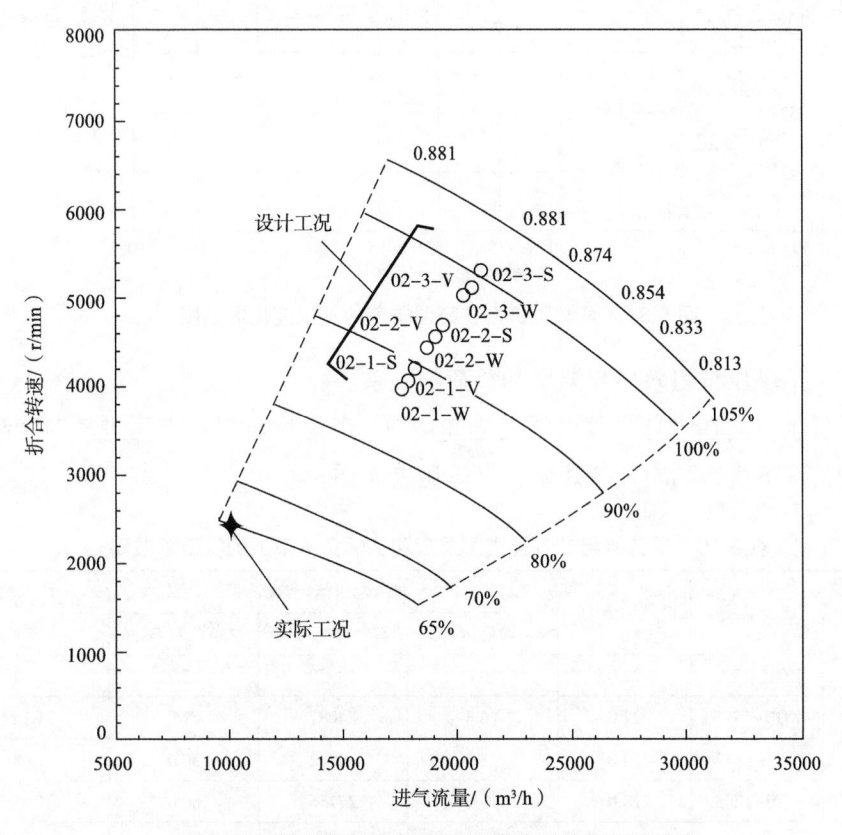

图 8.30　某燃气轮机与压缩机联动后的运行设计点

压缩机的进气温度达到40℃，必须把设计工作点由 A 点移至 A' 点，如图 8.31 所示。这时机组的工作效率很低。

所有燃气轮机和天然气压缩机都有各自的机械特性，所以燃压机组有更为复杂的联合特性。随着温度或负荷的变化，燃压机组的实际工况大多偏离设计工况。燃压机组的联合特性在设备随机文件中都附有。

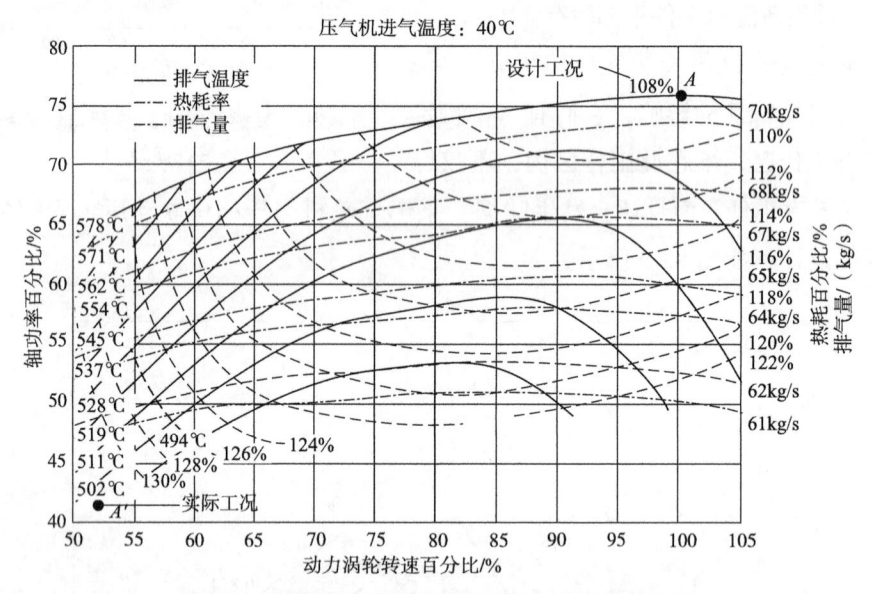

图 8.31 某燃压机组在高温季节的工况变化区间图

（2）某燃压机组效率与温度和负荷的关系。

设备供应商在设计文件中明确告知用户：某燃压机组在不同进气温度和负荷率的情况下机组的实际热效率，具体见表 8.15。

表 8.15 单台机组在各种进气温度和实际负荷率下的机组总效率

10m³/a	工况代号	进气温度/℃	环境温度/℃	有效功率/kW	负荷率/%	机组总效率/%
XD170	KQH-170S	22.0	40.0	19950	85.7	30.81
	KQH-170S	22.0	26.3	24087	71.0	31.18
	KQH-170W	14.0	-8.5	30662	50.0	31.08
	KQH-170A	18.0	11.6	27166	60.0	31.13
XD150	KQH-150S-W	24.0	28.3	22867	44.1	26.57

从表9.5可得知，对管输运营成本（机组总效率）影响最大的因素是机组的负荷率和燃气轮机的进气温度：

①当环境温度为40℃、负荷率为85.7%时，机组总效率为30.81%；

②当环境温度为28.3℃、负荷率为44.1%时，机组总效率为26.57%；

③当环境温度大于40℃、负荷率大于85%时，如果机组进入温控状态，限制了机组出力而不得不开双机，这时机组负荷率小于43%，机组总效率远小于26.57%。

这时如果降低燃气轮机的进气温度，就可以避免开双机或多开一台机组，能增加单台机组的负荷率，从而大幅提高单台机组的总效率，同时也给灵活调度管网运行带来不少便利。

（3）进气冷却的耗水量。

不论采取哪种进气冷却方法，都要消耗一定量的水。但是与等湿冷却法相比，等焓冷却法的耗水少10%以上，仅需消耗一定量的完全用于蒸发掉的水。以 PGT25+ 燃气轮机为例，它的耗水量与当地的空气相对湿度有关。经计算，PGT25+ 燃气轮机采用蒸发冷却技术的耗水量如图8.32所示。

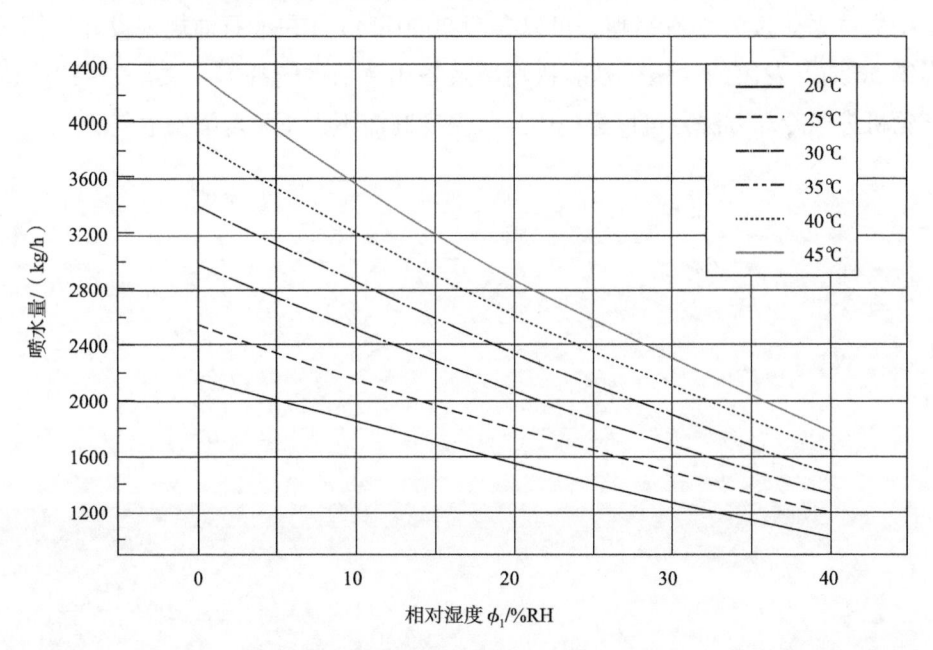

图 8.32　PGT25+ 燃气轮机采用喷雾蒸发冷却技术的耗水量与温度/湿度的关系曲线

大气温度和负荷率的重大变化都是人力不可抗拒的,这是造成许多燃压机组经济效率低下的二个主要原因。在某些有条件的干旱炎热地区,采用燃气轮机进气喷雾蒸发冷却技术,是提高燃压机组的工作效率,降低生产运行成本的技术措施之一。

(4)隔站输气法。

由于包括进气温度高在内的多种原因,西气东输工程为了改善燃压机组在低工况下效率很低的情况,有时不得不开双机或多开一台机组。这时为了提高单台机组的负荷,有时采用隔站输气的运行方式。

其实每个站场单机功率的选择,是综合考量与相邻两个站场的距离、管径大小、压缩机压比等多种因素的结果,以获得最优的工程造价和运营成本。早在西气东输工程刚刚论证之初的2000年,对站场单机功率的选择和可能出现的隔站输气方法(主要是管网投运初期达不到额定输量或不同季节有不同的输量)进行过理论论证。论证的结果是采取隔站输气法,在同等输气的条件下,单位输气量输气功耗是设计输气量功耗的1.7倍左右。对于压气机功耗功率N_0[计算见式(2.2)],其中,压比ε对输出功率的影响最大,压比与输出功率间是指数关系。读者如有兴趣,可以参考2000年6月在《石油规划设计》第11卷第56期上发表的《压气站装机功率及备用系数的选择》一文。如果采用燃气轮机进气冷却方法,可以避免因进气温度高而不得不采取隔站输气法。

第9章 进气滤芯检测

对于燃气轮机进气滤芯这种大众化产品，世界上已经有 Blue Heaven Technology、fiatec、SGS 等滤芯检测公司，依据 EN 779—2002 为全球用户提供对空气滤芯做第三方检测的服务。

业内至今没有关于燃气轮机进气滤芯的标准，API 616 也只是要求参照 EN 779 标准执行过滤等级选购，也没有要求滤芯供应商一定要提供第三方检测机构做的检测报告。所以包括世界最著名的几个滤芯供应商，提供的也只是其自检自测的出厂报告，而且并没有按 EN 779 标准进行自检自测，如图 9.1（a）和图 9.1（b）所示。这就给燃气轮机用户在采购燃气轮机进气滤芯时带来一些困难，因此很难对滤芯品质进行全面且正确的评价。

为适应市场需求，国内已有数家检测机构可提供进气滤芯的检测服务，有些机构还取得了 MA 或 CNAS 资质。有些用户开始要求滤芯供应商提供第三方出具的滤芯检测报告。对于一般测试报告，EN 779—2002 标准中有规定的格式和内容，具体见表 9.1。

表 9.1　EN 779—2002 测试报告的规定格式（节选）

EN 779：2002—空气过滤器试验结果		
试验机构：Superlab Inc.		报告编号：007-2002
概要		
试验编号：121345	试验日期：2002-02-01	负责人：James Bond
请求试验者：World Best Filter Inc.	试件收到日期：2002-01-26	
试件提供者：World Best Filter Inc.		
试件		
型号：WBF Leader 100	制造商：World Best Filter Inc.	构造：密褶式过滤器 4 个 V 形
滤材类型：玻纤与化纤 WBF Mix G&F	净有效过滤面积：19m^2	过滤器尺寸：（宽 × 高 × 深） 592mm × 592mm × 292mm

续表

试验数据					
试验风量：0.944m³/s		试验空气温度：20~24℃	试验空气相对湿度：26%~61%	试验气溶胶：DEHS	负荷尘：ASHRAE
结果					
初阻力：99Pa		初始计重效率：98%	初始效率（0.4μm）：70%	容尘量：254g/369g/461g	未消除静电/消静电处理后效率（0.4μm，附录A）：70.6%/69.6%
终阻力：250Pa/350Pa/450Pa		平均计重效率：99%	平均效率（0.4μm）：93%/95%/96%	过滤器级别（450Pa）：F9	
备注：					

曲线1 试验风量下，计重效率与喂尘量的关系
曲线2 试验风量下，效率与喂尘量的关系
曲线3 试验风量下，阻力与喂尘量的关系
曲线4 阻力与风量的关系(干净过滤器)

注：性能试验结果只对被试项目有效，试验结果本身不能用于定量预测使用中的过滤器性能。

但收集到的数十份滤芯检测报告中，很少有符合以上标准格式的，许多必检项目和内容都没有；有的检测报告的结论与实际选用的滤材品质根本不相符；有的甚至采用"计重法"来检测F9级滤芯。

9.1 流量/压差的测量

收集到的一些滤芯检测报告中关于流量/压差的曲线如图9.1所示。

第9章 进气滤芯检测

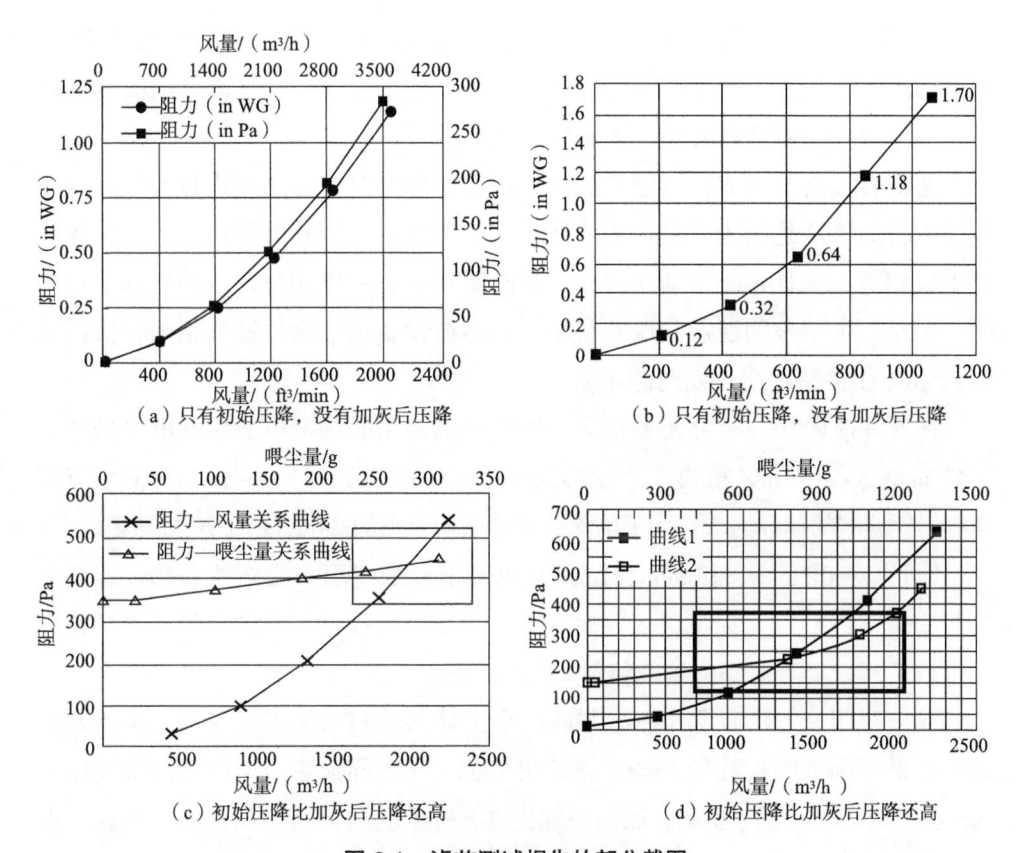

图9.1 滤芯测试报告的部分截图
（a）只有初始压降，没有加灰后压降
（b）只有初始压降，没有加灰后压降
（c）初始压降比加灰后压降还高
（d）初始压降比加灰后压降还高

在滤芯检测中，流量/压差的检测远比工业生产中过滤器压差的测量复杂而困难得多。因为空气过滤器的"初损"非常小，有的仅几十帕。测试设备的结构阻力和"动压"往往大于被测量的真实值。对此，EN 779对于流量/压差的测量有科学而严格的规定，其测试台的结构原理图如图9.2所示。

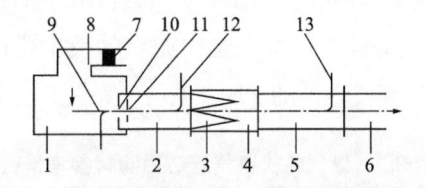

图9.2 EN 779规定的滤芯测试台的结构原理图

1—试验台管段；2—试验台管段；3—被试过滤器；4—含被试过滤器的管段；5—试验台管段；6—试验台管段；7—HEPA过滤器（至少H13级）；8—DEHS粒子注入点；9—负荷尘注入口；10—混合孔板；11—筛板；12—上游采样头；13—下游采样头

任何一个管道管壁的压力是管道内动压和静压之和,即管壁压力 $p=p_0+0.5\rho C^2$。其中,p_0 是管壁的静压,ρ 是流体的比重,C 是流体的流速,动压为 $0.5\rho C^2$。需要检测的 Δp 是 p 与 p_0 之差。

通常直接用差压表在过滤器进出口用引压管对过滤器压差进行测量,这一般是可行的。这是因为管道压力或压差很大,进出口管道的管径相等;流体流速不仅相等,而且很小,动压很小,且几乎相等,所以测量的压差是基本正确的。但是,由于被测滤芯的压差很小,而测试设备内空气流速又很大,所以动压 $0.5\rho C^2$ 往往超过测点处的静压 p_0。

被测滤芯的接口尺寸相差很大,燃气轮机常用的圆桶形滤芯的出口尺寸有 $\phi 445mm$、$\phi 215mm$,箱式尺寸有 892mm×892mm 等数十种,它们出口的节流压降有时比滤芯的初损还大。为了消除这部分结构阻力的影响,EN 779 特别规定:

"可以在 $0.5m^3/s$、$1.0m^3/s$、$1.5m^3/s$ 风量下,采用阻力已知的多孔板或其他参照物定期进行压差标定……"标定的方法是在筛板处用不同口径的当量孔板进行校正,以用于对不同滤芯流量/压差的测定。

在按照图 9.2 要求设计的滤芯测试台上做某型进气滤芯的流量/压差测试时,如果不调节筛板孔径,也不装被测滤芯,在不同流量时,测到的进气压差 Δp 在 –155~0Pa 之间变化。故出现如图 9.1 所示的两条曲线相交的情况就一点都不奇怪。

有一份滤芯测试报告在附录栏中注明:提供的测试报告中,所用仪器设备中有从 $\phi 2.46mm/\phi 50mm — \phi 216mm/610mm×610mm$ 等 8 种不同规格的当量孔板。

9.2 过滤精度的测量

滤芯的过滤精度对燃气轮机的使用寿命和运行成本的影响极大。而滤芯的过滤等级、透气度、耐破度等技术指标完全由滤材的技术指标所决定。对于不同过滤等级的滤芯,其中,具有代表性的 F7、F8、F9 等级滤材的大体价格见表 9.2。

表 9.2 燃气轮机进气滤芯用滤材参考价格

过滤精度	F7(EN 779—2012)	F8(EN 779—2012)	F9(EN 779—2012)
代表型号	HV6279	AB5040SPNIWR	HV6908
价格/(元/kg)	20	80	120

由表 9.2 可知过滤精度相差一级，滤芯的生产成本相差 1~2 倍；对于外形一致的滤芯，检测判别其过滤精度的真实性很重要。

根据 EN 779 标准，F7 以上过滤精度的测量要用粒子计数法（OPC）进行测量，即检测出滤芯前和滤芯后 $1in^3$ 中平均粒径为 0.4μm 的粒子的个数。很显然，这是一项特殊的技术。

EN 779 规定，需要对光学粒子计数器定期进行标定。它是这样规定的："要在系统初始启动时标定粒子计数器（OPC），之后定期标定，每年至少一次。计数器应该持有有效的标定证书。计数器的标定应该由 OPC 制造商或其他具有类似资质的组织进行，标定活动按照已有的标准（如 IEST-RP-CCO13、ASMT-F328、ASMT-649），采用单分散、各向同性、折射率为 1.59 的聚丙乙烯 Latex（pls）乳胶球……"

定期对 OPC 进行标定不仅要花费高昂的费用，而且非某行业协会单位的成员，还不能请到检定人员。并且不清楚是否所有第三方滤芯测试单位都按 EN 779 的要求去做测试。若不能对 OPC 进行定期标定，甚至没有进行定量检测的粒子计数器，即使具备了某些法定资质，也不能保证测试报告的真实性。

在收集到的资料中，有几份滤芯测试报告在附录栏中已注明它所用仪器设备中有对 OPC 进行定期标定的有效期；有的滤芯测试单位虽然具有 MA 和 CNAS 资质，但是他提供的 F9（EN 779—2012）滤芯测试报告是用"计重法"进行测量，这显然有问题。

9.3 去静电后过滤精度的测量

EN 779—2012 在 EN 779—2002 的基础上增加一项对被测滤芯进行去静电后的效率测量。EN 779—2012 在附录 A 中有这样的规定："首先确定未经消静电处理的滤材样品的效率，然后将纸样浸泡于 100% 的异丙酮液体中。待样品浸透后，将其置于通风橱中的防静电平板上晾干，经过 24h 干燥后，再次测量去静电后的效率……"

也就是说，滤芯送检单位要同时提供 1~4 张 A4 大小的滤材，供检测单位做 24h 的浸泡试验。为什么有的机构不需要送检单位提供滤材样品？那怎样做去静电测试？某世界知名检测机构的回答是：也可以用喷雾法做去静电测试，但浸泡法和喷雾法相比，其检验结果相差近一级，不做滤纸浸泡试验是不对的。

有的测试报告本身就没有除静电测试，这不符合 EN 779—2012 的规定。燃气轮机进气滤芯的检测和判别不是一件简单的事，首先，要有燃气轮机进气滤芯的检测标准，要做到有章可循；其次，要有业内（含燃气轮机制造商）可信的第三方检测报告。否则，不仅会搞乱燃气轮机进气滤芯市场搞乱，甚至会给燃气轮机用户造成重大的经济损失。

参考文献

[1] 清华大学电力工程系燃气轮机教研组.燃气轮机［M］.北京：水利电力出版社，1976.

[2] 朱明善，刘颖，林兆庄，等.工程热力学［M］.北京：清华大学出版社，1995.

[3] 刘光宇.船舶燃气轮机装置原理与设计［M］.哈尔滨：哈尔滨工程大学出版社，1992.

[4] 世界燃气轮机手册编委会.世界燃气轮机手册［M］.北京：航空工业出版社，1994.

[5] 梅赫湾·P.博伊斯.燃气轮机工程手册（第三版）［M］.马丽敏，张永学，郭煜，等译.北京：石油工业出版社，2012.

[6] Frank J. Broks. GE 重型燃气轮机的性能及参数［Z］.GE 动力系统集团，2009.

[7] 天然气机械设备研究委员会（GMRC），美国西南研究院（SWRI）.燃气轮机进气过滤系统指南—2010 版［Z］.于大，梁云博，译.广州：华南理工大学，2012.

[8] 赵俊杰，李怀悌.燃气轮机在石油和石化工业中的应用［Z］.中国石油和石化设备研究会 & 中国轻型燃气轮机开发中心，1988.

[9] 张华，刘高恩.航空改型燃气轮机文集（1~3 集）［Z］.航空工业部《航空改型燃气轮机文集》编辑部，2000.

[10] 王建华，潘涛，付宇.燃气轮机及空气保障系统［M］.北京：机械工业出版社，2021.

[11] 国外造船技术资料编辑部.船用燃气轮机的海水腐蚀［Z］.国外造船工业编辑部，1971.

[12] 约翰·瓦特，威尔·布朗.蒸发冷却空调技术手册［M］.黄翔，武侯梅，译.北京：机械工业出版社，2008.

[13] 陈仁贵.输气管道压气站装机功率及备用系数的选择[J].石油规划设计，2000（6）：1-3，8-46.

[14] 陈仁贵，赵现如，赵东海，等.喷雾蒸发冷却技术在燃气轮机上的应用[J].燃气轮机发电技术，2002.

[15] 陈仁贵，李循迹.论陆用燃气轮机空气净化装置的选用[J].燃气轮机发电技术，2003，5（4）：4-11，16.

[16] 陈仁贵，陶月.燃气轮机进气系统结霜分析及对策[J].热能动力工程，2005，20（6）：94-96，113.

[17] 郭刚，陈仁贵.喷雾蒸发冷却技术在西气东输燃压机组上应用的可行性研究[J].热能动力工程，2012，27（1）：1-4.

[18] 陈仁贵，王清亮，陈磊，等.燃气轮机进气防冰系统国内外技术对比分析[J].热能动力工程，2013，28（6）：569-572，656.

[19] 吴兑，廖碧婷，陈慧忠，等.珠江三角洲地区的灰霾天气研究进展[J].气候与环境研究，2014，19（2）：248.

[20] 陈仁贵，王海波，牛兵，等.燃气轮机进气降温幅度研究[J].热能动力工程，2016，31（3）：129-133，146.

[21] 孙衍峰.AE94.3A燃气轮机进气冷却的应用可行性研究[J].热能动力工程，2017，32（11）：117-121，136.

[22] 顾崇廉，房之栋，唐任宗，等.太阳宫电厂燃机电厂进气系统过滤器失效分析研究[J].电力科技与环保，2017，33（1）：61-62.

[23] 白云山，田鑫，石永峰，等.燃气轮机进气系统全寿命周期成本计算模型研究[J].汽轮机技术，2018，60（6）：423-426.

[24] 陈仁贵，代雪云，牛兵，等.燃气轮机进气系统防冰防湿技术[J].风机技术，2022，64（S1）：72-77.

[25] T/CAQI 248—2022.燃气轮机空气过滤器[S].中国质量协会，2022.

[26] ISO 29461—2：2022.燃气轮机进气过滤器耐水雾性能测试方法[S].国际标准化组织，2022.

[27] 北京中盛科技发展集团公司.GE/LM2500+SAC HPT一级喷嘴损伤分析[Z]，2020.

后记
POSTSCRIPT

随着我国石油、化工和天然气工业的快速发展，燃气轮机在我国得到了更加广泛的应用；由于我国在燃气轮机的核心技术上取得了重大突破，燃气轮机在我国海军、空军和民航工业上也得到了越来越广泛的应用；人们对节能减排的要求越来越高，燃气轮机的进气系统也是一个十分重要的环节。所有这些，都需要业内更加重视对燃气轮机进气系统的设计和选型，以保证燃气轮机更加安全、平稳和经济地运行。

我国许多著名高等院校、专业院所和有关企业，在燃气轮机进气系统包括进气滤芯方面进行了许多有益的研究和探索，并且已经制定了一些相关标准。但是，科学研究是永无止境的，广大燃气轮机工作者应该本着"百花齐放、百家争鸣"的科学态度，继续对燃气轮机进气系统进行深入的研究和探索。

创新的本质就是对某些传统观点或标准的质疑，甚至是否定。但是，实践是检验真理的唯一标准。本书是根据 API 616—2022（第六版）的要求，对某些标准的某些内容进行了一些补充、修正和完善，其中许多与众不同的观点和理论被许多实践证明是正确的。

我国是一个有着14亿多人口的世界大国，也是世界上重要的燃气轮机用户之一。科学技术工作者应该在燃气轮机进气系统设计和选型方面承前继后，做出自己的新贡献。

我国船舶工业总公司第703研究所等单位的许多燃气轮机工作者，为发展我国的燃气轮机事业，经历了几代人的艰苦努力，收集和翻译了大量的有价值的信息；国家官网集团西部管道公司、西气东输公司和石油工业出版社从多个方面对本书的编写给予了有力的帮助和支持。借此机会，笔者一并表示深切的谢意。